能源互联网技术与产业

朱共山　徐拥军　曹军威

陈新国　张　驰　编著

上海科学技术出版社

图书在版编目(CIP)数据

能源互联网技术与产业 / 朱共山等编著. —上海：上海科学
技术出版社，2017.4
　ISBN 978 - 7 - 5478 - 3507 - 4

　Ⅰ.①能…　Ⅱ.①朱…　Ⅲ.①互联网络－应用－能源发展－
研究－中国　Ⅳ.①F426.2

　中国版本图书馆 CIP 数据核字(2017)第 052416 号

能源互联网技术与产业

朱共山　　徐拥军　　曹军威　　陈新国　　张　驰　编著

上海世纪出版股份有限公司
上海科学技术出版社　出版
(上海钦州南路 71 号　邮政编码 200235)

上海世纪出版股份有限公司发行中心发行
200001　上海福建中路 193 号　www.ewen.co

字数：160 千　　　　　印张 11.25
2017 年 4 月第 1 版　2017 年 4 月第 1 次印刷
ISBN 978 - 7 - 5478 - 3507 - 4/TK · 18
定价：　　　元

本书如有缺页、错装或坏损等严重质量问题，
请向工厂联系调换

内容提要

本书较全面地分析了国内外能源互联网技术和相关产业的现状及发展趋势，对中国能源互联网的概念、生态系统和相关技术及产业发展进行了深入描述，对中国能源互联网产业发展所需要的基础设施、关键组件和核心技术展开了论述，系统分析了能源互联网相关产业的现状和未来，对建立行业规范标准体系、改革能源产业体制等进行了一定深度的探讨，并介绍了能源互联网的实践案例。本书对中国能源互联网技术与产业的发展实践具有较强的指导意义。

朱共山先生简介

朱共山先生是协鑫集团有限公司创始人、董事长，保利协鑫能源控股有限公司(3800.HK)执行董事及董事局主席，协鑫新能源控股有限公司(0451.HK)名誉主席，协鑫绿色智慧城市发展(集团)控股有限公司董事长兼总裁。

朱共山先生主修电气自动化专业，持有工商管理博士学位。同时，朱共山先生是第十二届全国政协委员，2016 年荣膺"2015 中国十大经济年度人物"称号，2015 年荣获"全球新能源杰出贡献人物"奖，2014 年获得"绿色中国——杰出环保领军人物"奖，2009 年被英国《星期日泰晤士报》誉为"改变未来的中国十大风云人物"之一。

朱共山先生还担任全球太阳能理事会联合主席、美国可再生能源理事会会员、亚洲光伏产业协会主席、中国富强基金会董事会副主席、中国电机工程学会热电专业委员会副主任、中国侨商投资企业协会副会长、中国产业海外发展和规划协会副会长、南京大学第四届校董会名誉董事长、香港浸会大学基金会荣誉主席、中国资源综合利用协会可再生能源专业委员会副主任委员、英国王储慈善基金会中国副理事长、非洲粮食基金永久名誉主席等职务。

序　一

深刻认知能源互联网
尽快推动产业技术创新

2016 年 3 月，国家发改委、国家能源局和工信部联合发布《关于推进"互联网＋"智慧能源发展的指导意见》，这是推进我国能源革命，构建清洁、低碳、安全、高效现代能源体系的重要举措。能源互联网强调能源系统和能源市场与信息互联网的深度融合，注重能源市场的交易开放和产业升级。以能源互联网模式为抓手，可以优化系统调度运行，解决弃水、弃风、弃光问题，进行能源生产与消费的总体布局，推动多能协同与智能化系统建设，提高系统效率。

电力、能源互联是能源互联网的骨架，以"互联网＋智慧能源"构建能量信息一体化的能源互联网。传统电力系统在多种能源相互转化和互补方面考虑不足，高比例分布式清洁能源电力的接入灵活性有所欠缺，综合能源利用效率和可再生能源占比的提高受到限制；在对终端用户的服务、交流与互动方面还可以进一步提升；高度集中的管理、调度、控制模式需要进一步与大量分布式发电、高效用能用电系统以及电力改革市场化的趋势相结合。以互联网思维改造、优化传统电力系统，需要大力推进能源与信息的深度融合，发挥电力系统覆盖面宽、能量和信息一起传输的独特网络优势，构建骨干电源与分布式电源结合，主干网与局域网、微网协调，多种能源优化互补，供需互动、开放、共享的智慧能源生态新体系。

构建能源互联网，需要一系列相关技术及设备为支撑，通过对现有能源系统和产业模式的改造，新能源与传统能源融合、升华，将诞生全新的能量利用系统和能源产业生态。构建这一系统，一是实现多能源互联互通，提高一次和二次能源的综合利用效率；二是借鉴互联网及其扩展的网络技术：即插即用、能量路由器，以及大数据、云计算等技术对能源系统，特别是分布式可再生能源、微网及用户在能源生产、消费、市场管理和服务的支持；三是以用户为中心，催生能源生产、消费、服务的新业态和商业模式。

《能源互联网技术与产业》一书是在《中国能源互联网产业技术发展报告》的基础上改写而成。江苏现代低碳技术研究院于2015年8月接受国家发改委的委托，在清华大学、协鑫集团、国网南瑞和中国电信等单位的支持下，于2016年3月完成了《中国能源互联网产业技术发展报告》，该报告集聚了大量专家学者和业界同仁的心血。

《能源互联网技术与产业》一书结构清晰、论点明确、内容充实，可以帮助读者清晰了解能源互联网的技术及产业现状，深刻认知能源互联网的深层概念及未来发展方向，是一部有较高实用价值的论著，特推荐给广大读者，希望能有所收获。

周孝信

中国科学院院士

中国电力科学研究院名誉院长

序　二

　　能源互联网的核心思想是"互联网＋可再生能源"，构建信息能源一体化互动网络。互联网巨大的组织集聚功能，可以实现对以多样化能量来源及利用形式为特征的能源网络的互补协同管理和去中心化管理。这种崭新的能源系统需要一系列相关技术及设备为支撑，通过对现有能源系统和产业模式改造，新能源与传统能源融合、升华，将诞生全新的能量利用技术和能源产业生态。

　　2015 年 8 月，江苏现代低碳技术研究院接受国家发改委的委托，组织开展中国能源互联网产业技术发展的研究。2016 年 3 月，由中国能源互联网产业技术发展研究课题组组织编写的《中国能源互联网技术及产业发展报告》在北京通过评审。

　　《能源互联网技术与产业》一书是在《中国能源互联网产业技术及产业发展报告》的基础上重新改写而成，介绍了能源互联网的内涵、构架和生态系统，阐述了能源信息设施一体化的关键组成，对能源互联网的关键技术、支撑技术、辅助技术以及技术和产业的关系进行了分析，系统分析了能量生产输配产业、储能产业、传感网及云平台产业、区域配售电业务、插电式交通产业、智能家居与低碳社区服务和咨询服务业的产业内容和发展空间。最后在构建标准规范体系、改革能源产业体制、鼓励创新集成示范、建立能源市场机制四个方面，对能源互联网技术及产业发展的路径、措施及配套政策提出了建议。

《能源互联网技术与产业》一书结构清晰、论点明确、内容充实新颖。目前，关于能源互联网的书籍并不多，对能源互联网的技术和产业进行系统分析的专著还没有。《能源互联网技术与产业》一书不仅可以帮助读者清晰了解能源互联网的技术及产业现状，而且可以深刻认知能源互联网的深层概念及未来发展方向，是一部有较高实用价值的论著，相信对未来我国能源互联网的发展和能源领域的科技进步具有积极的推动作用。

董秀芬

国家能源局新能源和可再生能源司新能源处处长

序　三

2015 年，随着国家"互联网＋"行动的发布，能源行业也进入了"互联网＋智慧能源"的能源互联网时代。2016 年 3 月，国家发改委联合国家能源局、工信部发布了《关于推进"互联网＋"智慧能源发展的指导意见》，标志着能源互联网发展正式从国家战略层面开始启动，"互联网＋"能源的最新模式势在必行。

能源互联网既代表能源生产和消费方式的演替方向，也塑造着能源产业链的新型生态。中国在清洁能源、新能源、分布式能源、智能电网、微电网等方面已经有了一定的规模和基础，能源互联网成为促进这些新能源和分布式能源的更高效发展、将改革及创新从电力行业扩展到包括化石能源在内的传统能源体系的基础和纽带。如何理解能源互联网系统的内涵及构架，进行关键技术研发，建立健全的产业体系，需要技术界、产业界、政府部门等共同进行创新协作。

本书剖析了我国能源互联网发展瓶颈，系统研究了我国能源互联网技术发展的总体原则、路径及配套政策建议，对能源互联网产业技术发展以及行业的科技研发、装备制造、集成应用等意义重大。

冯庆东

国网能源研究院首席专家

目 录

第4章　能源互联网产业体系　57

第5章　能源互联网创新基地规划　　110

第6章　发展措施和政策建议　　119

附录　能源互联网实践案例　　133

第 1 章

能源互联网的概念

1.1　能源互联网的内涵

1.1.1　能源互联网源起

生产的工业化和生活的现代化都是以能源为基础的，开发和利用安全、清洁、经济、高效的可再生能源是能源可持续发展的必由之路。可再生能源包括水能、风能、太阳能、地热能、海洋能、空气能、生物质能等，与传统能源相比，可再生能源具有以下特征属性：除生物质能外皆清洁零排放、可再生永续利用、适宜分布式利用、分布广而能量密度低、远距离输送成本高、有对自然条件如气象和光照依赖的间歇性和随机性、目前生产和利用成本与传统电价比还相对较高。相对于传统化石能源集中式、整体化、稳定程度高的能源生产消费方式，可再生能源由于分布式、碎片化、间歇性的特点，一度被视为"垃圾能源"。确实，在生产、输配、消费等环节上，可再生能源亟须借助理念转变、政策引导、技术进步、习惯养成等，实现对传统能源的补充、衔接、融合和替代。

采用何种方式和路径来高效、大规模地利用可再生能源，目前还处于思考、试验和探索阶段。信息互联网凭借其扁平化、网络化、智能化的特点，将全球范围内分散的、小规模的、间歇性的、多样式的信息整合起来，奠定了人类信息社会的基础，也使得互联网行业创造了其他任何行业无法企及的价值。能源互联网就是在可再生能源迅猛发展、互联网和物联网渐趋成熟的基础上被提了出来。利用互联网巨大的组织集聚功能，可以实现对多形式清洁能源的互补耦合和扁平化管理。打造一张具有扁平化结构和智能化功能的能量网络，以整合和保障分布式、间歇性、多样化的能量供应和需求，实现能源的安全、清洁、经济、高效和可持续发展，这就是能源互联网模式。替代能源及其利用途径如图 1 所示。

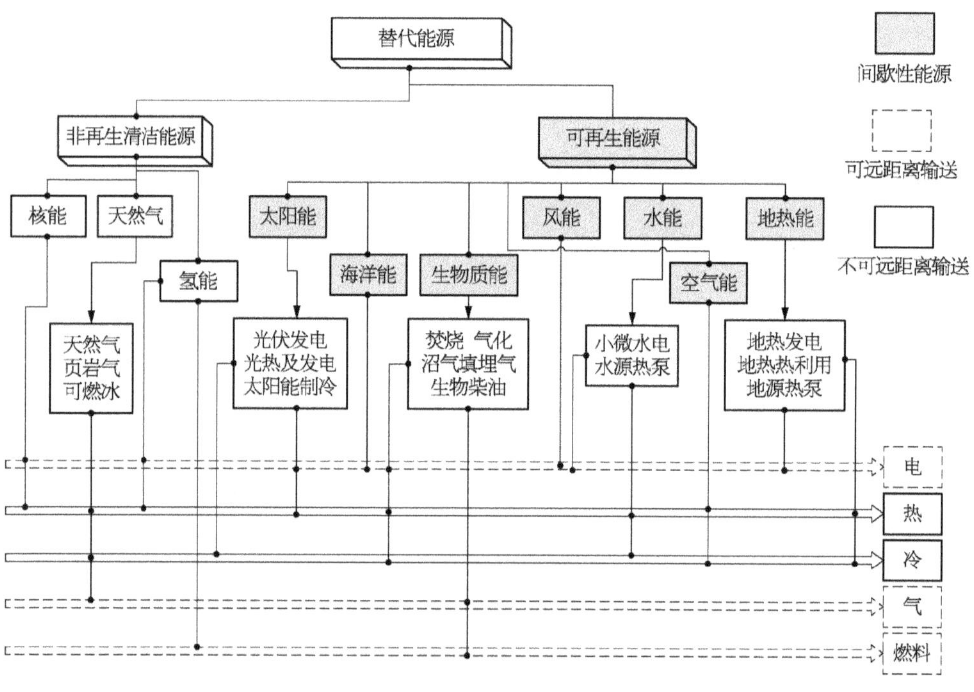

图 1　替代能源及其利用途径

（替代能源，即以可再生能源开发利用为主、替代煤炭和石油的能源。本图列出了主要的十大替代能源，其中，氢能是二次能源。）

学术界对能源互联网概念阐述、结构设想等讨论已有十多年。2004 年 3 月，《经济学人》杂志刊登了题为"Building the Energy Internet"的文章，列举了部分专家学者、研究机构以及企业等对能源互联网的讨论。基于适配分布式发电的需求，文章认为能源互联网是一个"自愈"电网,拥有实时传感器和"即插即用"软件,可以让分布式电源或储能装置在它上面联通。2008 年是学术界对能源互联网的研究集中爆发的一年。当年,美国国家科学基金开始立项支持能源互联网研究,这个名为"可再生电力能源传输与管理系统"(The Future Renewable Electric Energy Delivery and Management System,FREEDM System)的前沿项目由北卡罗来纳州立大学(North Carolina State University)黄勤教授主持,目前有 17 个研究院所和 30 多个工业伙伴参与。FREEDM System 研究组构想的能源互联网是基于可再生能源发电和分布式储能系统的分布式对等系统控制与交互的智能微电网,满足电源和储能设备的即插即用。FREEDM System 研究组提出了能量路由器的概念并首次进行了原型实现。普渡大学(Purdue University)、加州大学伯克利分校(University of California,Berkeley)也提出了类似的能源互联网构想,普渡大学研究组更强调储能系统的作用,伯克利分校研究组更关注底层信息架构的开发和应用。同年,欧盟在智能电网的基础上推出了 E-Energy 计划,目标是实现综合数字化互联和计算机控制检测。E-Energy 是第一个国家层次(德国)构建的能源互联网,计划于 2020 年实现在电力系统覆盖信息网络,能源网通过互联网协调控制。

　　将能源互联网作为一个全人类的未来能源发展模式和解决方案,并引起全世界各阶层广泛关注的,是 2011 年杰里米·里夫金《第三次工业革命》(The Third Industrial Revolution：How Lateral Power Is Transforming Energy，the Economy，and the World)的出版。里夫金提出了全新的工业革命的概念,新能源方式和新通信技术的结合预示着新工业革命的到来。第三次工业革命的五大支柱是向可再生能源转型、建筑微型电厂、储氢等储能技术、能源互联网和插电式交通。能源互联网是基于"将每一大洲的建筑转化为微型电厂,以便就近收集可再生能源"并"利用互联网技术将每一大洲的电力转化为能源共享网络"。里夫金描述道:"在即将到来的时代,亿万人能够在自己的家中、办公室里和工厂里生产绿色可再生能源。多余的能源可以与他人分享,就像我们现在在网络上分享信息一样。"以信息互联网为参照,能源互联网更关注人的因素,充分考虑自己发电、自己掌握能量路由器产生的安全感、分享能源的幸福感和参与能源合作的社会归属感,目标是打造一个用户体验优先的信息能源网络。在城镇社区,个人和家庭以建筑物为主体利用可再生能源,产生无数微小的能源生产单元,使用高度稳定和可靠的电网将其联通。成熟的物联网技术提供了互联支撑，对电能实现智能化控制，实时反馈价格信息和用户互动。

1.1.2　能源互联网特征

中国人民解放军国防科学技术大学（简称国防科技大学）提出能源互联网具有"可再生、分布式、联起来、开放性和融进去"五大特征。能源互联网未来高级阶段的主要能量供应来源是可再生能源，其大规模接入势必促使传统的能源网络转型为能源互联网。由于可再生能源的分散性和间歇性，需要建立就地收集、存储和使用能源的微型网络，这些能源微网单个规模小、分布范围广，构成能源互联网的一个节点或局部。大范围分布式的能源微型网络并不能全部保证自给自足，需要联起来进行能量交换才能平衡能量的供给与需求。能源互联网关注将分布式发电装置、储能装置和负载组成的微型能源网络互联起来。能源互联网是一个对等、扁平和能量双向流动的能源共享网络，只要符合互操作标准，发电装置、储能装置和负载就能够"即插即用"，这种接入是自主的、任意的。能源互联网的基础设施建设不摒弃已有的传统能源网络，特别是已有的主干网络，通过不断地对现有能源基础设施进行改造，使系统调度控制与满足用户侧需求向更高层次的自适应阶段发展。

能源互联网以互联网思维为指导，以物联网技术为基础，对能源开发利用天然具有路径最短、响应最快、体验最好的能力。能量的终端消费形式是多样的，包含了煤、油、气、生物质等一次能源和热、冷、电等二次能源，这些能源形式的选取应该符合最少转换、最快响应、最低成本、最高效益、最佳匹配的原则。能源资源多样化决定了因地制宜、因能制宜、多能互补的开发模式。例如，对煤炭、石油、天然气和偏远地区的风能、光能、海洋能等，集中式的开发输配存储是比较经济的；在负荷集中区发展分布式光伏、燃气三联供、地水源热泵等分布式系统，则经济效益和社会效益明显。可再生能源开发促进了多形式能源供应、多形式能量需求、多元化交易主体的产业格局形成。在此形势下，必须坚持互补耦合、平等开放、最少转换、最高能效的原则，才能使能源互联网的系统优势得到充分发挥。

深刻研究能量与信息的不同是能源互联网系统设计的立足之本。无论是生产、传输、存储还是使用，能量的特性都不同于信息。信息互联网蓬勃发展的重要基础是数据存储容易、通信成本低、基础设施分散且易于建设，而能量存储设施的技术要求高、经济性低，能量传输则要求安全、稳定、持续，两者的基础特性截然不同。终端能源形式中，煤、油、气等发电、制热过程的逆向过程是不可能的，多种形式能量之间的转换均有较大的损耗。能源资源的不均，决定了同为生产者、消费者，其规模容量、市场话语权、市场交易及平台分享方面都会存在巨大的落差。多形式能量之间，可以形成联通耦合、互补互助的关系；多元化主体之间，可以形成信息共享、交互协作的关系。因此，能源互联网系统不是对信息互联网架构与模式的模仿或改进，将能源互联网功能定位为一种完全平等的公共能源交换与共享平台具有很大的操作难度。能源互联网系统的设计，在信息网络及信息交换上要坚持平等与共享，在能量网络及能量交易上要强调协同配合。

能源互联网因新能源而生，但更因对传统能源和新能源的融合升级而存在，其建设不仅服务于可再生能源，对传统能源的开发利用也有巨大的促进和改革作用。一方面，能源互联网兼容、融合现有的传统能源网络，充分、广泛和有效地吸纳分布式能源和可再生能源，满足用户多样化能源需求，这为能源互联网的建设提供了发展空间。另一方面，能源互联网是能够与消费者互动的、多元化主体存在竞争的一个能源消费市场，不仅具备传统能量网络的生产输运功能，还为各类能源生产及消费者提供了一个公共的能源交换与共享平台，这是能源互联网的创新所在。通过对现有能源系统和产业模式的对接和改造，新能源和传统能源的结构和生态得到融合和升级，全新的能量利用结构和能源产业生态将由此诞生。

从多元组合、多能互补、新旧协同的现实策略出发，基于能量较信息具有更加复杂特性的分析，能源互联网应具有更为广阔、包容、现实的内涵：能源互联网是以互联网及物联网方式，通过对能源的取材、转换、输配、存储、交易、使用等与能量及信息相关因素的采集调控、互联互通和耦合互补，实现能源利用的安全、清洁、经济、便利、高效和可持续。

1.1.3　能源互联网变革

《第三次工业革命》引发了人们对未来能源利用分享格局的美好畅想。平等、开放、协作、分享的互联网精神，是互联网蓬勃发展的力量之源。因为互联网的出现，自由、开放、平等、交互、合作、免费、扁平化、定制化、虚拟化等思维才得以集中和爆发。能源互联网模式下，能源可以互相分享，人人都是能源生产者，人人也都是能源消费者。能源互联网改变了能源供需方式和结构，从目前从上到下的集中式转型为上下互动的集中式和分布式相结合，资源和生产单位的地理分布从特定区域扩展到无处不在，供给主体从少数能源巨头转变为家庭和个人。通过对能量来源的自由选择和互动管理，能源产业模式也得到互联网式的洗礼，相关产业如分布式制造、插电式交通将借此兴起，经济结构甚至社会习惯都会发生变革。因此，里夫金在国防科技大学承办的首届中国能源互联网发展战略论坛上谈道："能源互联网的提出更多的是来源于一种哲学和经济学层面的思考，而不仅是一种新的能源技术体系。"

能源互联网以开放的姿态融入更多行业，将革新整个能源产业模式，这也是整个生态系统生机勃勃的根基。能源互联网对相关行业商业模式的变革，是保持其良好内生机制的必要条件。能源互联网的发展，将引起能源生产、信息科技、地产建设、设备制造、金融业、服务业等相关行业运营模式的巨大变革。

（1）对能源生产行业的影响。传统能源生产商业模式为"建厂（站）—生产—销售"。能源互联网体系中，能源生产行业不仅承担传统能源生产商的角色，更要承担能源互联网能源生产端的集成商角色，为各种中小型、微型能源网络提供集成服务，要提高自身综合素质和竞争力，达到系统的准入条件。

（2）对信息科技行业的影响。能源互联网生态系统对信息科技具有本质的强烈要求，必然将催生出新的技术、理念，传统的信息科技将得到革新。数据管控、应用终端、综合管理平台、信息安全服务和云计算平台、数据中心等是能量信息化的必要支撑。信息和互联网行业已经塑造了庞大的具有互联网思维的客户群体，其丰富商务经验是能源互联网的重要参考，同时，已有商务模式也需要向产业互联网转变。

（3）对房地产行业的影响。能源微网以供给自身为第一目标，以分布式能源为基本架构。建筑节能及改造、绿色建筑、绿色建材、建筑工业化和城市、园区建设的综合规划等，都将根据能源互联网对基础设施的要求而做相应的调整、改变。未来的房地产行业，从设计建筑之初就需要考虑能源微网的建设，高效地利用可再生能源，保证自身能源供给，为应对突发的能源危机提供一层保障。

（4）对设备供应行业的影响。能源互联网模式要求设备供应商更多地参与能源互联网的研究开发环节，与能源生产商、能源投资商更紧密合作，为能源互联网的发展提供互动式支持。

1.2　能源互联网的架构

　　从能源互联的特点出发,结合用户端能量形式多样化需求,能源互联网易操作的、可建设的架构应该是多类型能源微网和能源主干网的智能互联系统网络。能源微网是分布式能源生产、用户就地利用、微网内储能及调配的基本单元,发展目标是热电微网。

　　电力是能源互联网最便捷的能量形式,其比重将越来越高。智能电网可以说是以电力为能量形式的能源互联网的雏形,微电网是重要的基础组成部分。能源互联网的架构如图 2 所示。

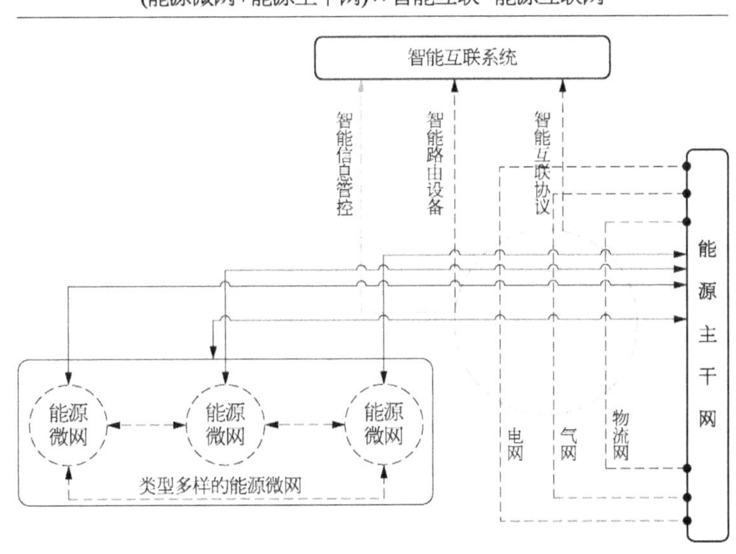

图 2　能源互联网架构

1.2.1　能源微网

　　能源微网是一个自成系统的完整的底层单元,是自治运行的能量系统,由能量管理设备、分布式可再生能源装置、储能装置、能量变换装置和负载等组成。基于某个区域的新能源资源条件建立起来的区域能源微网系统，可以是单一的微电网系统，也可能是包含了电、热、冷、气等多种终端能量形式的热电微网系统。

电力网可实现大范围的调度，但会伴随一定的损耗。随着能源分布式利用的发展和电网智能化程度的提高，人们希望电力也可以实现小范围区域内独立调度，这就是微电网。基于最大限度地就近利用区域内可发电能源资源的目的，微电网被定义为智能电网在用户终端的、独立可控的基本单元。微电网的主要设备是用户侧的分布式微型发电、分布式小规模储能、智能负荷管理和电力配售、智能能量管控和系统能效优化系统，分布式发电和微电网通过电力电子接口接入配电网。由于天然具备灵活的拓扑结构、可控的双向潮流和智慧的协同优化等功能，是微电网稳定运行的保障。连通管控一定规模分布式发电及储能设施的微电网，对配电网有重要的补偿作用，是其安全稳定的重要支撑。随着新能源发电、分布式储能、电力电子接口和运行保护设备等的成熟，多电源互补耦合能力、多设备协同控制能力和能量路由分配能力等的提高，未来微电网的规模会越来越大，或形成微电网集群，或具备一定的层级结构。在一定条件下，部分微电网可替代配电网直接与主干电网相连。

限于输送效率，热力网只可以小范围区域内调度。新能源供热的兴起，将使热力网从区域集中供热向分布式供热发展，协调使用分布式能源的余热和地水源热泵等热源，采用环形管网和并网运行模式。传统的热力网是以区域锅炉房为基本热源，辅以尖峰热源调节，通过集中式的热力网进行层级的调度输配。基于新能源供热的特点和分布式供热的高效率，城市热力网的发展方向是多热源并网运行。就热源质量而言，分布式供热更能实现低品位新能源的开发和能量的梯级利用。就供热网布置设计而言，分布式热网的使用比传统热网节省了大量的泵能耗和输送损耗，热源处设置的循环泵只承担热源内部的水循环，换热站内的循环泵则承担热媒输送和保证热用户必要的资用压头功能，并通过变频装置实现变流量调节。

热电微网系统是微电网和热力网的互补耦合，尤其适应于居民、商业、公共建筑等集中耗能区域。区域分布式冷热电联供（combined cooling heating and power，CCHP）和建筑分布式冷热电联供（building cooling heating power，BCHP），是这种系统的模式基础。为满足微电网某些电力负荷端同时的热力需求,可利用地源或水源热泵系统,通过消耗部分电力从地热能或水能中提取更多的热量,这样就构成了第一类型的热电微网。如果区域内供热需求是普遍的,必须铺设热力网,可配置天然气热电联产装置,以电定热或以热定电,辅助余热发电设备,使热力网和微电网在能源站即耦合调配,这样就构成了第二类型的热电微网。为满足热电微网某些负荷终端同时的制冷需求,可配置余热制冷设备或电力制冷制备,这样就构成了第三类的热电微网。

1.2.2　能源主干网

能源主干网的最主要发展目标是以智能电网为特征的电力输配干网和以智能气网为特征的燃气输配干网。

1) 以智能电网为特征的电力输配干网

智能电网的建设包括对发电、输电、储电、配电、售电、用电等一系列过程的智能化。智能电网在输配电上的建设,即输电网和配电网的智能化,是能源主干网的主要建设内容,是能源微网电力系统(微电网系统)安全、平稳运行的保证;智能电网在输电、储电、配电、售电和电力负荷上的智能化建设,当然延伸到微电网的层面。微电网建设的另一重点,即分布式发电及其互联互补,也是智能电网在电力生产环节的建设要求。智能电网需要物联网的架构思想、技术方法和智能化的设备设施及系统集成,以安全、协调、经济、可持续为发展目标,遵从高效、低碳的能量利用要求。

目前,智能电网对分布式能源供需平衡的配置,主要体现为在现有电网架构上通过信息化和智能化的手段,解决设备利用率、安全可靠性、供电质量、新能源接入等基本问题。但这还是在传统电网的基础上能源集中供应方对多方需求的智能电力配置模式,而能源互联网的不同,在于采用互联网理念、方法和技术实现能源基础设施架构本身的重大变革。能源互联网在智能电网基础上,大幅度增添功能,构建新型的信息能源融合网络。能源互联网中既有集中的能源供应方,也有大量分散的能源供应方,还有大量基于区域负荷中心的微电网结构,是多供应方对多需求方的智能能源配置模式。

2) 以智能气网为特征的燃气输配干网

智能气网的概念和智能电网有很大不同。天然气作为矿业资源,用户就近气源的很少，对其开采、处理、输配、存储都是集中式的。智能气网的建设，更多的是将现实的天然气管网和数字化网络融为一体，重点是基于广域的、多种形式优化配置的管理系统。另外，智能气网是一个多信息汇集平台，依托用气数据的采集、整合及模型处理分析，为天然气工业、城镇燃气行业标准的统一提供依据。

天然气管网基础设施的使用寿命一般为 30 年左右，其上下游的产业链较长，管网技术和装备不适宜频繁的更新换代。在城市燃气网侧，智能气网的建设就是满足分布式三联供设施和智能化用气系统的建设需求，这也可视作能源微网建设的组成部分。

1.2.3　智能互联系统

能源互联网是一个自动化、智能化、智慧化的信息能量系统网络，能源主干网和能源微网的联通必须通过智能互联协议和智能分配设施实现，拥有智能信息管控系统。

能源互联网强调互动化、互操作，智能互联协议是基础。电力系统通过和通信、IT、软硬件等结合，确定域、实体和接口或数据流的构成，实现各种电源、微电网和智能电网的联通、互动。微电网、燃气网、热力网等通过微网内能量转换协议和接口，实现联通、互补。

能源互联网是对能量的用户端优化，满足方便、稳定、实时、高效的用户需求，智能分配的关键设施是能效优化系统和能量路由设备。能量路由器根据信息流的反馈实时调整对能量流的控制，在能量网络中对生产、负荷、储能容量等进行分析，实现电力、热力、燃气等分配的过程最优、转换最少、路径最短、损失最小，完成区域能源的调度控制。在能源主干网层次上，智能分配设施将实现不同地区上传能量的全网优化和不同地区用能需求的网络调配。

智能互联必须满足一定的条件，能够进行信息交互和能量流动的任一项或同时完成，即可认为形成了智能互联。新能源具有不确定、不稳定、间歇性、波动性的特征，在源头上决定了新能源电站和能源微网的不稳定性。能源微网必须克服其自身的固有缺陷，形成稳定、安全、自由上下的能量自运行系统，满足主干网接口的能量质量要求，才能与主干网进行能量联通。能源微网也同样对主干网的稳定性、支撑性提出了要求，如果主干网状态影响了能源微网的安全运行，微网将选择脱离主干网独立运行。

1.3　能源互联网的生态系统

1.3.1　基本概念

产业生态系统是指相关组织和个人围绕某一类特定的经济活动,遵从一定的利益关系、商业模式和活动规则而构成的系统。由于能源的自然属性和能源产业组织的制约,传统的能源产业没有形成真正市场意义上的商业生态。互联网具有强大的组织集聚功能,由此诞生的能源互联网模式可以迅速发展出能源生态群。可以说,能源互联网是传统能源结构裂解的最好手段,将推动既有能源设施、既有行业网络、既有生产关系的巨大改造,奠定真正的市场化产业生态的基础。

基于传统能源开发利用的能源产业生产资源集中、技术密集度高,适合规模化开发和密集型投资,在能量的输配和使用上是高度集中的层级制管理。技术壁垒和信息壁垒造成了交易过程不透明,消费者和政府对能量生产、输配、使用等过程不能实现更好地参与和监督,没有形成有效的互动关系。能量生产输配等环节也不可能存在真正意义上的内部竞争,却更有可能形成集中垄断和价格失衡。因为提供的是基础性质的社会必需品,在僵化的产业形态下,消费者不得不为其低效买单,维持其保障供应状态。严格地说,传统能源产业形态并没有形成一个完整的商业生态系统。

能源互联网双向互动的扁平化结构和分布式模式的引入使集中层级式的传统能源产业转变并形成完善的商业生态系统成为可能。在能源互联网模式的新型能源产业中,能源资源的分散性和多样性决定了开发者及开发技术、能量供给方式的多样化,新能源的分布式特性将部分消解投资规模化、技术密集型的问题。通信和信息技术的高水平发展奠定了过程透明化、操作智能化的技术基础和低成本的经济基础,激情澎湃的互联网思想也引导了当下民众对分布式、扁平化、透明化、智能化的新型能源产业的积极诉求和踊跃参与。这一切形式的变革,奠定了能源互联网生态系统形成的必要条件。

能源互联网生态系统的基本内涵是多元化组合。能源互联网多元化主要包括能源资源的多元化、能量需求的多元化、供给方式的多元化，这些多元化的互补为系统抗干扰性好、恢复力高、调节能力强提供了基础，催生了从业者的多元化和整个系统的网络化。新能源的发展是对传统能源的重要补充，太阳能、风能、生物质能、地热能、海洋能、氢能等和煤炭、石油、天然气、核电、水能等的互补关系，保证了能源供给的稳定性。热电气能源微网的发展是对配电网的重要补充，热力供给、燃气供给、冷量供给和电力供给的结合互补，保证了能量消费的稳定性。分布式能源的发展是对集中式模式的重要补充，大量分布在能源主干网末端的微电源、微热源，保证了能量系统的结构稳定性。私企、民间组织、个人和社会资本融入能源生产端，是对大型能源开发商的重要补充，保证了能源生产群体的动态稳定。由于对象的多元化，才形成了系统的网络化。越是多元化、多样性的对象，越拥有千丝万缕的联系，其网络越复杂、节点越多，自调节、自修复、自稳定的能力就越强。

能源互联网生态系统是基于新技术基础和新形势要求而建立，具有随技术进步和需求变动的生长调节能力，是结构化、有活力、可发展的能源生态系统，代表着能源产业系统的发展方向。

1.3.2　组成结构

基于生产交易消费过程，可将能源互联网生态系统的利益相关方划分为材料和设备供应商、能量生产商、输配商、业务和交易商、消费者、投资商、中介服务方、行业组织、政府和监督方等。同一个实体或组织可以身兼数个角色，并在市场中调整。能源互联网模式下从业者的最大变化为既可以是消费者也可以是生产者，这对系统生长具有深远的意义。能源互联网商业生态系统的从业者中，最重要的是生产商、输配商和消费者。需要特别指出，能源是一种关系民生刚需和国家安全的特殊商品，政府的引导、监督、规范非常重要。

能源互联网生态系统的核心产品是能量，围绕能量的生产交易过程衍生出信息服务、交易服务和金融服务，而系统内所有活动的基础是信息。因此，能源互联网生态系统是信息流、业务流、能量流和资金流的流通融合而形成的系统。信息流带动了业务流，业务流带动了能量流和资金流。理想状态下的能量流和资金流是过程一体化的，在实际操作中，能量流和资金流通过不同的渠道分别流动，这取决于信息的交换和处理结果,会在时间和空间上形成位差。

　　能源互联网的各个利益相关方和信息、业务、能量、资金等要素的流动,共同构成了能源互联网生态系统的节点和网络,如图 3 所示。

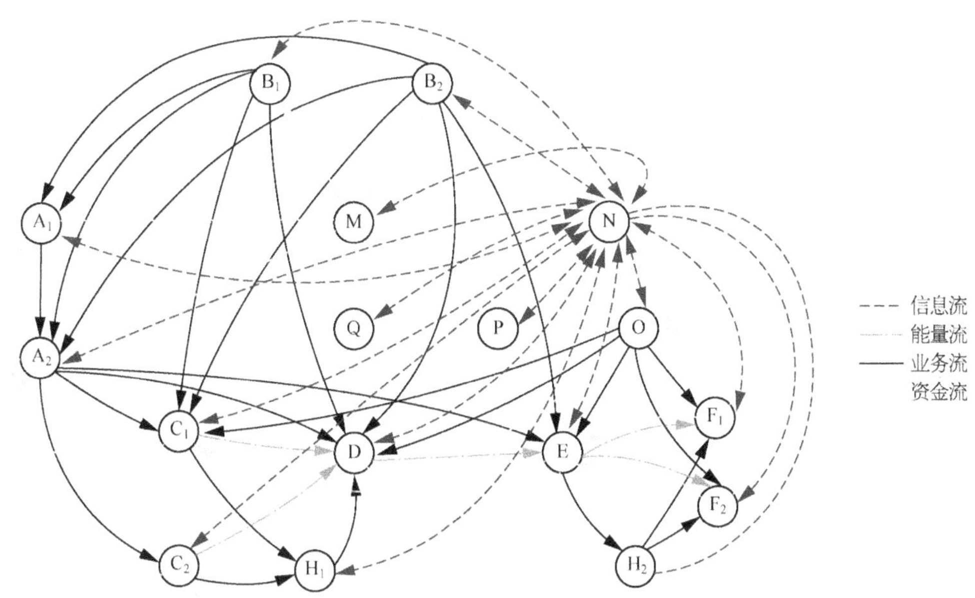

图 3　能源互联网商业生态系统

A_1,A_2—材料/设备供应商;B_1,B_2—规模化/小众式投资商;C_1,C_2—大规模/分布式能量生产商;D—集中式能量输配商;E—区域能量配售商;F_1,F_2—大宗/小型/家庭能量消费者;H_1,H_2—干网/微网能量交易平台;M—资金/金融平台;N—信息/业务平台;O—能源主管部门;P—能源行业协会;Q—能源行业中介组织

1) 利益相关方

　　(1) 材料供应商、设备供应商和投资商。他们是构成系统基础的成员角色,他们的认识、服务和水平直接反映了系统处于什么样的阶段。新材料和新设备的研发以及创新设备工程的投资建设是系统持续发展的物理基础,但是需要从其他从业者的反馈中获得驱动和调控。相对于传统能源产业,能源互联网中的材料和设备供应规模小、投资少、技术集成度高、开放性好、颗粒度小,具有良好的试错性和可匹配度,这也促进了系统的优化升级。

　　(2) 能量生产者和能量消费者。他们的供需关系构成了系统运行的驱动力。在扁平化、智能化的能源互联网系统中,生产者和消费者将形成市场化的互利共赢关系，和传统模式中单向性的能量交易大不相同。分布式的模式和架构，使得消费者具有了同时也是生产者的可能，但并不是小农经济的孤立模式。集生产者和消费者于一体的个体或组织不是一个孤立的系统，其生产和消费均与整个系统联通，服从于系统的优化调配，从而使自身的生产和消费过程更加稳定。

（3）输配商、业务和交易商。他们作为生产者和消费者的渠道商或中介，具有规模经营、集中运作的特点，这是能源行业固有的，无论对传统能源产业还是能源互联网生态系统而言皆是如此。能量的输运和配售是两个过程，在能源互联网系统中将能得到彻底分离。能量交易将在独立的第三方平台上匹配进行，按照约定的规则调控生产者和消费者的行为，控制输送者和配售者的操作。为避免集中式、规模化的能量输配和交易过程催生新的垄断群体，避免交易失配造成的低效率，必须对输配者和交易者进行准入性约束和控制性监督。一般而言，可以由政府授权的非营利性组织直接担任能量输送机构和交易匹配平台。

（4）中介服务商、行业组织、政府。作为服务和监督方，他们是系统稳定、优化、健康的重要保障。行业组织提供从业者协调、资源优化配置、标准规范制定等服务，中介提供咨询、评估、设计等服务，政府和监督方起到引导、规范和监督作用。相对于传统行业，这些参与者的话语权将明显增加，其服务内容也更丰富有效。

2）信息流、业务流、能量流和资金流

（1）能源互联网中的信息包括能源资源信息、能量需求信息、能源开发信息、能量流动信息、能量供需和交易信息、能量使用信息等。能源资源信息和能量需求信息决定了能源开发的力度和梯度，是决定系统所处发展阶段的基础。能量供需和交易信息是系统的核心，是业务流的直接基础。能量流动信息和能量使用信息对系统完善起着反馈和调节作用。相对于传统能源产业，能源互联网的信息具有全面、快捷、透明、分散、互动等特征，其流通渠道是扁平化、智能化的通信系统。

（2）能源互联网中的业务包括材料、设备、能量、服务等的交易和调度，本质上是通过对信息有效地、针对性地加工应用，实现对能量流的管控过程。材料和设备的交易是系统搭建和优化的基础，这一过程反映了系统自身的生长、完善、调节的速度和水平。能量和服务的交易是系统运转的核心，反映和实现系统从业者最本质的价值。无论材料、设备、服务等哪个环节的业务及衍生服务，最终都落脚在能量交易上。能源互联网中的服务包括能量相关服务、信息相关服务和金融相关服务。其中,能量相关服务是主流,包括能效核算、系统设计、咨询评估等,信息相关服务是对有附加价值的能量信息进行筛选、分析而衍生的数据服务,金融相关服务是基于能量流和资金流分离所产生的机会价值而衍生的金融服务。相对于传统能源产业,能源互联网的业务具有高效、迅速、及时、针对性强、互动性强、预测性好、匹配度高的特征,其流通渠道是集分布式和集中层级式于一体的多样化、智能化交易平台系统。

(3) 能源互联网中的能量包括热(冷)、电、气、油、煤炭、氢气等多种能源形式。其中,电因其应用广泛、易于输配而适宜作为能源微网和主干网中能量交换的最主要形式。热因其直接需求高、长距离传输困难而确定为能源微网内与电力并列的主要能量形式。作为传统能源资源的主力,油气和煤炭在相当长一段时间内仍然是终端能量供给的主体,但其地位会因资源枯竭和排放限制逐步衰退。氢气目前还不能大规模地作为能量来生产使用,但将在未来的能量消费中占据一席之地。能量流体现着系统最终的价值流向,反馈调节着信息流、业务流、资金流的形态。相对于传统能源产业,能源互联网的能量具有分散、清洁、便利、高能效、可持续的特征,其流通渠道是集分布式和集中层级式于一体的多样化、智能化能量系统。

(4) 能源互联网中的资金是对材料、设备、能量、服务等进行交易的价值交换媒介,也是与系统外进行交换的元素,是反映能源互联网社会价值的指标。同样能量需求或同等产品产出下,资金占用越少,说明能源互联网系统越高效。信息流以其低廉的成本和高效的机制保证能源互联网系统的高效。相对于传统能源产业,能源互联网的资金具有分散、多元、稳定、占用时间短、衍生品丰富的特征,其流通渠道是金融系统。

1.3.3　运行机制

能源互联网的运行指的是能源互联网生态系统中的各相关方遵循一定的规则进行经济活动的有序行为。相关方中起引导或制约作用的个体或组织称为关键运行主体,关键主体的行为就是运行的影响因素。在能源互联网的不同发展阶段,不同相关方在系统中的地位和影响力会有变化。其中,技术革命对生态系统发展的影响不受所处阶段的限制,是持续不停的动力引擎。

1）业务达成

业务达成是能源互联网生态系统运行的根本动力。对能量交易达成的匹配和追逐，协调了生产者和消费者的供需要求，促进了输配商和交易商的效率提升，系统在动态平衡中得以运转和完善。

在成熟的能量交易市场中，供应信息和需求信息进行快速的匹配筛选，供应商和消费者根据匹配程度进行供应量、供应质量和供应价格的修订，进而极力促进交易的达成。由于信息交换效率高而成本低，多次信息匹配和业务达成的结果，将促使生产者对能量供应的方式和质量进行优化，以企缩短交易时间，抢占市场份额，这就促进了生产端的优化；将促使输配者对能量输送的方式和路径进行优化和进一步建设，争取更多的能量流通，促进输送端的优化；将促使消费者对能量使用的方式、质量和效率进行取舍、调整、优化，缩短匹配时间，达到用能的最佳性价比，促进消费端的优化。

业务达成过程中，能量供应和需求不能快速匹配时，对供需质量的调节不是即时的，只能以标准控制，但对价格的调节是可以的。实时价格机制，一方面促进了业务的快速达成，使能量得以快速流通，减轻了调配系统的压力；另一方面通过对生产者成本和消费者成本的直接影响，调控生产习惯和消费习惯，进而对整个系统的优化起到一定作用。这也是还原能源商品属性的意义之一。

在传统的集中配送式能量交易中，虽然也有实时电价机制，但常常是消费者基于配电公司划定的波动价格进行用能调节，并不能对输配系统和生产系统起到结构层次的反馈、优化、改进等作用，反而是消费者只能通过牺牲一部分生产能力或调节自身固有的消费行为，为输配和生产系统的低效率买单。因此，传统的能源供需管理是一种被动式的管理，从系统的角度看是一定程度的资源浪费。

2）影响因素

影响能源互联网运行的关键因素包括消费者的需求、生产者的压力、政府的导向、业务达成的规则、行业组织的作用和能源技术的进步等。在能源互联网构建之初，政府的引导和规范作用十分关键；随着能源互联网的发展，业务交易平台和行业组织的作用逐渐突显；在成熟的能源互联网运行中，生产者的供应和消费者的需求成为主要的影响因素。

能源技术的不断创新推动能源降本、增效、清洁，是不受发展阶段限制的运行正向推动因素。然而，能源技术应用的时机与创新成本、先发风险、企业积累、政策扶持等因素有很大相关性。新能源技术和市场的不确定性，使得研发和入市风险很大，不少资金雄厚或具有垄断地位的企业倾向于坐等他人创新而后收购成熟技术乃至创新企业。中国新能源产业发展至今，出现了许多知识产权不清晰、新技术一哄而上、盲目扩张等引发的先发劣势现象。如果先发创新收益不能得到有效保障，行业交流与协同创新就更加无从谈起。通过能源技术的创新带动能源互联网的发展，前提是构建一个敢于创新、乐于创新、有能力创新的研发应用环境。政府作为市场秩序的维护和监督者，设定创新保护和产业调控的深度、广度、侧重点非常重要。

能源互联网构建之初，新的消费习惯尚未养成，规模及业务流量有限，新模式盈利有不确定性，业务交易平台和行业组织的服务能力较弱，政府必须担当引导、规范、裁判的责任。能源互联网能否运作起来的关键因素就是体制是否适合、政策是否得当、制度是否合适、补贴是否到位、奖惩是否可行。这个时候的能量生产方和服务提供方的成本消化有待业务的成长和能源互联网的生长完善。

能源互联网建成并运转一定时间后，准入、控制和补贴等制度相对稳定，消费者的新习惯渐趋养成和新需求渠道建立，生产者的多元化供给能力和市场化适应能力增强。此时，政府即开始转变主体地位、淡化核心影响，让能量生产方和服务商根据市场需求自我调节，实现利益最大化。但是系统的不成熟和相关方的不完善，投机行为、非正当竞争、隐含性欺骗、无序开发、垄断性经营等都可能出现，法律法规和政府的政策推动、行政监督及中介评估、行业标准规范、消费者联合行为等发挥引导、规范、协调等作用。这个时候的能量生产方和服务提供方，一方面可获得政府的支持，另一方面在非完全市场机制下争取利润。

能源互联网运转成熟后，将形成互利共生的多元化从业者群体，基于能量交易达成的消费者需求和生产者供应是系统运转的根本驱动力，这时候生产者和消费者是关键主体双方，材料和设备供应商、输配商、业务和交易商、投资商、中介服务方等是利益相关方，行业组织和政府等监督方是市场秩序规范方。

参考文献

［1］于慎航,孙莹,牛晓娜,等.基于分布式可再生能源发电的能源互联网系统.电力自动化设备,2010,30(5)：104—108.

［2］王祥麟,吴非,许英博,等.能源：以智慧的名义.中国证券报,2014-4-24.

［3］吴安平.能源互联网的两种技术模式——对能源互联网的再认识.能源与环保,2015-7-17.

［4］丁镠,尹卫平,胡世鹏,等.关于分布式可再生能源与能源互联网未来发展问题的研究.城市建设理论研究,2013(36).

［5］王行贤,姚浦.低碳经济与质量管理.机械工业标准化与质量,2011(3)：40—41.

［6］王宏广,张俊祥,王革.第三次工业革命及我国的应对策略.政策瞭望,2013(4)：49—51.

［7］北京国际能源专家俱乐部.绿色的迷茫——清洁能源路在何方.国际石油经济,2013,21(7)：17—20.

［8］史丹.产业关联与能源工业市场化改革.中国工业经济,2005(12)：4—9.

［9］白桦,迟凤岭,胡琼静.以风—水互补方式促进我国风电产业发展.中国软科学,2013(1)：176—181.

［10］李淑兰.新能源开启农民低碳循环清洁新生活.农业工程技术：新能源产业,2011(6)：32—33.

［11］李菲.迎接新一轮产业革命.今日浙江,2012(20)：32—33.

［12］杜秀珍,赵梦.多能互补,重视生物质能发展.农业工程技术：新能源产业,2010(4)：10—13.

［13］杜尚斌.新兴新能源产业——小型风力发电及风光互补新能源产业.中国仪器仪表,2010(5)：27—28.

［14］沈洲,周建华,袁晓冬,等.能源互联网的发展现状.江苏电机工程,2014,33(1)：81—84.

［15］沈雪石,吴集,徐小平.第三次工业革命的影响分析和思考.国防科技,2012,33(6)：1—4.

［16］查亚兵,张涛,谭树人,等.关于能源互联网的认识与思考.国防科技,2012,33(5)：1—6.

［17］唐运发.微型风力发电机的应用——风光互补发电系统的机会和风险探讨.科协论坛,2012(1)：36—37.

［18］浩然.新工业革命线路图工业革命是能源的革命与通信的革命,也主要体现为生产方式的变革.新经济导刊,2012(11)：28—29.

［19］郝冰玉.第三次工业革命来了中国,准备好了吗.黑龙江科学,2013(09)：14—16.

［20］高树顺.基于互联网结构的能源微网控制系统研究,上海：东华大学,2013.

［21］寇建平,赵立欣,郝先荣,等.我国2007年农村可再生能源发展现状与趋势.可再生能源,2008,26(3)：1—6

［22］葛家德.互联网时代企业更要重视基础管理.决策,2012(9)：10014-10015.

［23］管清友.云时代的"云能源"变革模式.中国石油企业,2011(7)：30—31.

［24］兰建平.从"第三次浪潮"到"第三次工业革命".今日浙江,2013(8)：30—31.

［25］刘建中.浅析中国新能源产业的发展现状及传统能源行业的战略选择.中国煤炭,2010,

　　　　36(1)：21—23.

［26］刘振亚.智能电网承载第三次工业革命.国家电网,2014(1).

［27］刘辉.能源互联网.中国电力教育,2014(10)：90.

［28］张晓红.山西新能源和可再生能源产业发展研究.经济问题,2001(12)：60—61.

［29］萧东楼.绿色能源改变生活.浙江经济,2012(15)：60.

［30］谢浩.三次工业革命的历史演变.大观周刊,2013(12)：10.

［31］谢浩.全球经济变革中的产业转型与升级——基于第三次工业革命的研究视角.安徽行政
　　　　学院学报,2013(4)：30—33.

［32］谭果林.加强水-风两种电力资源协调互补.中国科技投资,2012(5)：50—52.

［33］韩晓平.支持分布式能源建设美丽中国.电力需求侧管理,2013(2)：1—3.

［34］龙惟定,白玮,梁浩,等.低碳城市的能源系统.暖通空调,2009,39(8)：79—84.

［35］龙惟定,白玮,梁浩,等.低碳城市的城市形态和能源愿景.建筑科学,2010,26(2)：16—
　　　　21,26.

第 2 章

能源互联网设施特征

2.1　技术特征描述

能源互联网是一个自动化、智能化、智慧化的信息能量系统网络，以开放对等的信息能源一体化架构真正实现能源的双向按需传输和动态平衡使用，是一个能量信息深度融合的网络。

从能源互联网的架构出发，能源微网系统和能源主干网在组网形式、运行管理、商业模式等方面有很大不同，决定了其关注的核心技术也大为不同。在能源微网层面，可以设想是一种多种能源资源开发利用、多种能量形式协调互动的多能互补系统网络；而在能源主干网层面，电网、气网、交通运输网等的主动互补性就很难体现。现阶段而言，智能电网（包含智能配电网、智能用电系统以及需求侧响应等）可以认为是能源互联网的雏形。

总的来说，能源互联网具有如下技术特征：能量互补化、设备智能化、系统扁平化、信息对称化、流通双向化、供需分散化、主体多元化、交易自由化。

（1）能量互补化。能源互联网下的能源结构包括电力、天然气和热力等，能源形式多种多样。面对多样化的能源需求和负荷需求，不同类型的能源和不同能源微网之间都存在相互补充、削峰填谷的共享特征。

（2）设备智能化。能源互联网是信息技术与能源技术的深度融合，基于网络安全高速运行、快速需求响应等方面的需要，接入能源互联网的各类电力、信息设备需要具备高度智能化水平。

（3）系统扁平化。相比传统电网而言，能源互联网络的主要单元是能源微网，大量分布建设的能源微网构成能源互联系统扁平的底层局域网络。同时，微网和主干网结合形成两级网络的能源互联结构。

（4）信息对称化。数据中心是能源互联网的重要组成部分，每一个微网都有自己的数据中心，这些数据中心可以是多个微网所共用，也可以是建在"云端"的服务器上，它们都利用通信网络，形成互联系统，实现信息共享和信息对称。

（5）流通双向化。以电力能源为重要方面，每个微网都可以实现余量上网（主干网），不足部分上网取电，使不同微网之间形成了能量在不同时段不同方向的流动。

（6）供需分散化。现有供电模式单一，存在发电单位数量有限、缺乏分时调价导致需求集中等特点。能源互联网条件下将形成大量"供需就近"的分布式电源，而交易平台建设为需求多样化提供了条件。

（7）主体多元化。能源互联网的建设为各种能源的接入和消纳提供了基础，有利于发电和售电主体的差异化、多样化发展，形成多元局面，不再是传统的"一供对多需"。

（8）交易自由化。由于发电企业和能源消纳用户被能源互联网联结起来，能量管理、交易和调度系统有效运行，使得能源交易行为很方便的实现，还原了能源的商品属性。

2.2　信息物理融合

2.2.1　信息基础设施

基础设施与信息技术的深度融合可以称为 Cyberinfrastructure。2003 年，美国国家科学基金会（National Science Foundation，NSF）认为 Cyberinfrastructure 是保证信息计算迅速发展的途径，核心在于提供能够集成融合各种信息技术的框架。Cyberinfrastructure 被认为是具有先进数据处理、数据存储、数据管理、数据整合、数据挖掘和数据可视化以及其他计算和信息处理服务的研究环境。Cyberinfrastructure 可有效联结实验室、数据、计算机和人等信息因素，并支撑更有效的技术发展。

　　Cyberinfrastructure 的分层架构如图 4 所示，介质层提供整个架构的基础功能，包括基本计算、数据存储和数据通信三个基本模块，并对传输层负责；传输层由组网、操作系统及中间固件组成，为服务层提供各种接口和驱动；服务层利用上述资源，提供高性能计算服务、数据信息知识管理服务、观察测量装配服务、虚拟接口服务及协作服务；应用层立足于服务层，提供局域信息、运行环境、网关、入口和定制应用。该框架提供了良好的信息融合功能，既接受广域接入，又支持终端自足协作，为设计实现信息-能源一体化的未来基础设施提供了一种可行思路。

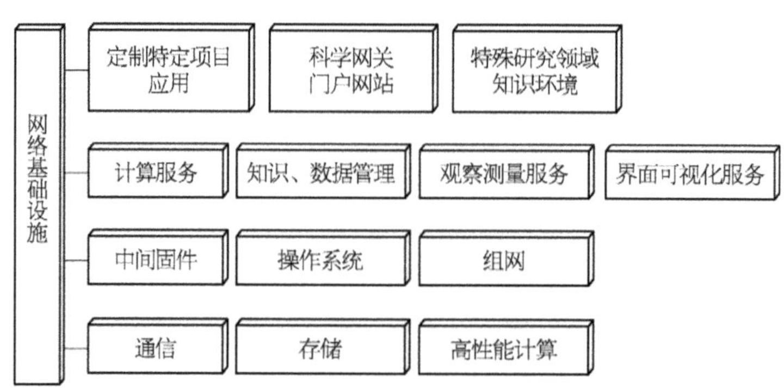

图 4　Cyberinfrastructure 分层架构

　　相比能源电力基础设施的形成，目前信息技术还处于基础设施形成的过程中，通信（尤其是无线移动通信）和网络（尤其是互联网）的发展使得计算、存储、软件、应用的集中管理和按需使用逐渐成为可能，信息基础设施逐渐形成了以数据中心为核心，高速网络互联，并支持人（通过移动终端）和物（通过传感器和物联网）随时随地接入的架构格局，如图 5 所示。

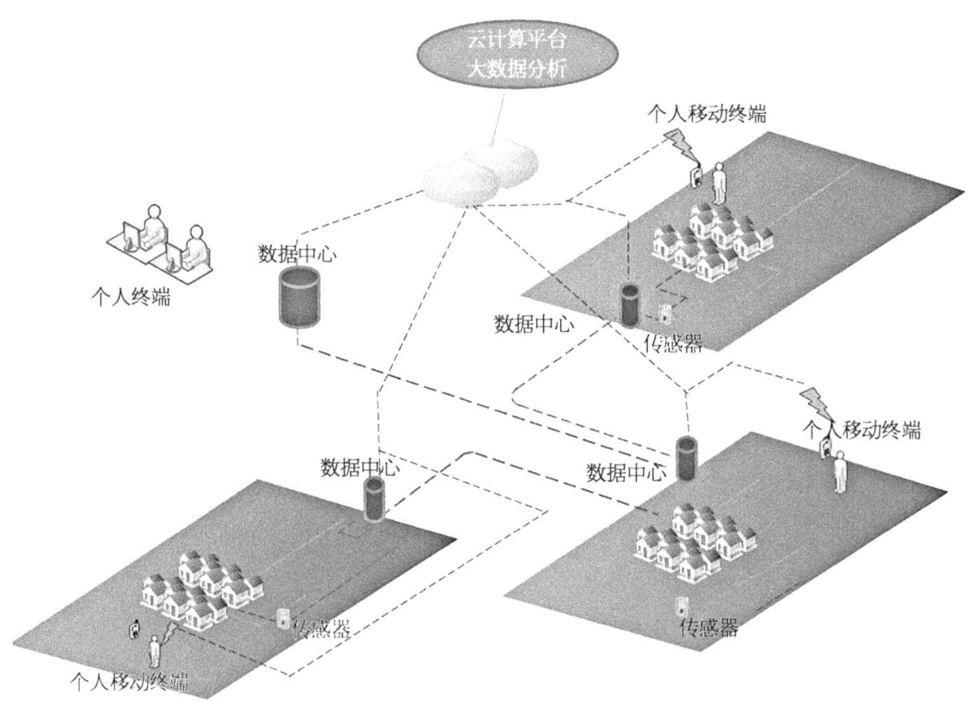

图 5　信息基础设施典型场景

2.2.2　信息物理融合系统

信息物理融合系统(cyber physical system，CPS)是集成计算技术和通信技术的实时监测、协同配合、受控整合的物理工程系统，是物理过程和计算过程深度结合的产物。它将计算、通信及控制利用网络为纽带深度嵌入到实物中去，实现信息系统和物理系统的全方位深度融合，有效实现从信息实时采集到控制策略实时部署，形成一体化的数物复合系统，是人类将数字世界和物理世界有机融合并产生巨大工业社会发展推动力的有效方法。

信息在各种物理设备之间有效的双向传递是实现能源互联网协调和交互的基础，信息物理融合系统及方案得到了多个国家的高度关注，形成了许多探索性研究成果。CPS 具有自适应性、自主性、高效性、功能性、可靠性、安全性等特点和要求，可使系统更加可靠、高效、实时协同。CPS 利用现有互联网将物理设备连接组网，赋予物理设备计算、网络通信、精确控制、远程协调和自治等几大功能。因此，CPS系统既具备网络属性，又具备控制属性，两者融合后使得 CPS 成为解决基于网络的一般或特殊控制问题的有效途径。

能源互联网 CPS 主要由大量的计算设备（服务器、计算机、嵌入式计算设备等）、数据采集设备（传感器、PMU、嵌入式数据采集设备等）和物理设备（大型发电机组、分布式电源、储能、负荷等）组成。其中，各种信息设备（计算、传感、控制）通过通信网络相互连接，而各种物理设备（分布式电源、负荷）则通过输电、配电网络相互连接，可由控制中心联网并由控制中心直接控制。

2007 年 7 月，美国总统科学技术顾问委员会（President's Council of Advisors on Science and Technology，PCAST）在题为《挑战下的领先——竞争世界中的信息技术研发》的报告中列出了八大关键的信息技术，其中 CPS 位列首位。智能电网理念更加一般性的总结就是 CPS 和物联网。对于能源系统而言，为了实现对物理设备实时、动态的信息控制和信息服务，CPS 是在不破坏原有物理设施和计算逻辑的基础上，将信息化、网络化融入基础设施当中，将无所不在的环境感知、嵌入式计算、网络通信和网络控制等技术融合在一起，使得物理设备系统具有了计算、通信、精确控制、远程协调和自治等特征。系统中的物理构建和软件构建必须能够在不关机或停机的状态下动态加入系统，同时保证满足系统需求和服务质量。基于这样的基本特征，从信息能源融合体系建立这一需求的研究角度来看，CPS 作为能源互联网的架构是合适的，可以有效解决能量流与信息流深度耦合的难题。

2.3　能源信息一体化关键设施

2.3.1　主干网接入设施

能源互联网易操作、可建设的架构是多类型能源微网和能源主干网的智能互联系统网络。换句话说，能源互联网是微网的广域连接形式，是分布式能源的接入形式，是从分布式能源的大型、中型发展到了任意小型、微型的"广域网"实现。能源主干网和能源微网的联通必须通过智能互联协议和智能分配设施实现，拥有智能信息管控系统。具体地说,智能互联网系统设施包括能量接入设施、信息接入设施、业务接入设施和能力管理系统设施等四大部分。

（1）能量接入：主干网把微网互联起来,可以实现能量在微网之间的流动。建设主干网层级的能量管理和能源路由系统,对微网的能源调度请求进行及时响应,并做出流动决策。

（2）信息接入：在主干网中,将建立大数据中心,并与各微网数据分中心建立直接通信。所有微网的运行信息都可单向传递到大数据中心,而主干网调度系统将依据接收到的信息和微网请求做出综合判断。

（3）业务接入：主干网负责协调不同微网和不同区域之间的能源生产和消纳,做到总体高能效、经济、环保。经过主干网的能量都需收取过网费用,作为主干网运行公司的重要业务。

（4）能量管理系统：能源互联网条件下的能量管理系统与传统电网不同,由于能源可双向流动、电源点和需求侧多样化,使得能量管理变得更为复杂多样。因此,能量管理系统将分为两级,即微网内部的能量管理系统和主干网能量管理系统。

作为能源互联网的雏形,智能电网还是在现有电网架构上通过信息化和智能化的手段,解决设备利用率、安全可靠性、电能质量、新能源接入等基本问题。而真正的能源互联网在于采用互联网理念、方法和技术实现能源基础设施架构本身的重大变革,构建新型的信息能源融合网络。但是,当前能源基础设施部署广泛、已投入高额成本,且技术为人们所熟知,彻底更换现有基础设施的激进做法不太可能成功,应该是一个逐步改造、融合、升级、更替的过程。

2.3.2　能量路由系统设施

通过以信息为中心、互联网为模型的新一代能源互联网体系架构以及信息能源融合机制,实现信息流与能量流的深度耦合,有效实现信息实时采集和控制策略实时部署,实现不同能源之间以及能源与消费者之间的协同互动,达到能源综合利用的高效率。上述的能源互联网需要对原有配网结构进行裂解,并实现分布式的能量流管理控制,这需要称之为能量路由器的设备。

能量路由器是能源互联网的核心要素,与数据中心做一体化设计,同时能源基础设施中的"物"通过传感器接入，用户通过移动终端接入。通过能量路由器，能量层和信息层得以有效融合：一方面路由器为基于信息的能量控制提供了电力电子接口，可以实现能量在网络模型中的路由、实现能量流的精细管控（如电能质量控制等）；同时，能量路由器也是基于能源基础设施的信息采集的主要渠道，以数据中心为核心，以用户、电力设施上的采集装置、传感器为信息来源，能量路由器将能源基础设施、用户、运行状态等相关信息抓取并反馈给数据中心，实现能源互联网的信息互联。

　　能量路由器可以实现能源微网内能量的交换和路由。微网中可以由风光储与负荷协调消纳，互联可以通过交流和直流方式，也可以和传统大电网、输气网络互联。能量路由器经过对等连接，可以将不同区域的能源微网互联起来，图 6 表明了能量路由器在能源互联网中的作用与关系。

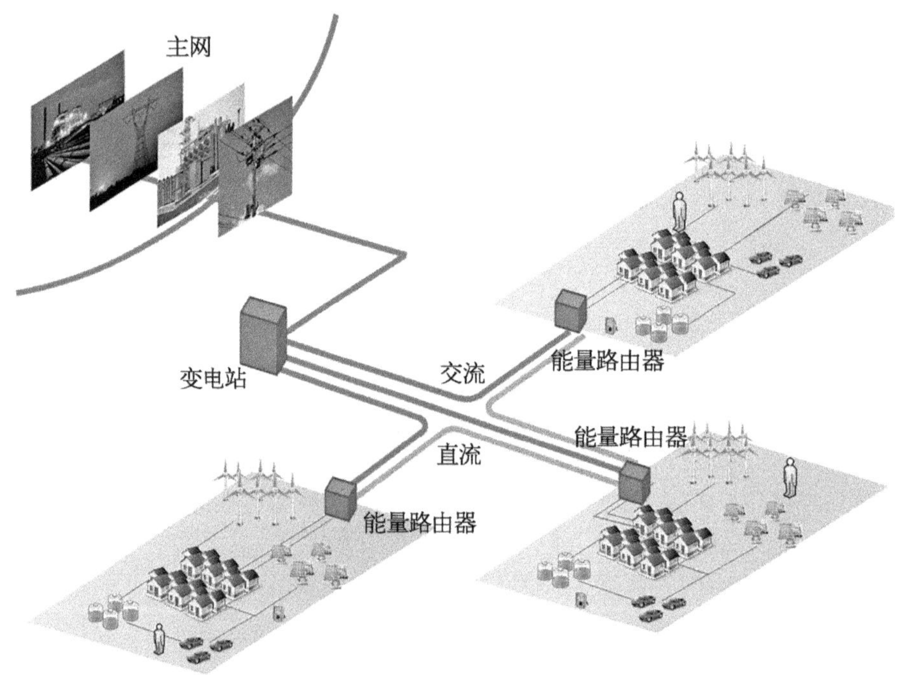

图 6　基于能量路由器的能源互联网示意图

　　能源互联网从根本上是对能源流的精细化管理控制，使传统能源流单向的流动变为双向的流动，在能源网络中对电源、负荷或储能容量等进行分组，构成能源子网，分区域、分层次地实现能源的管理控制。因此，可以友好接入当前电网中的能量路由器，完成区域能源的管理控制，是覆盖当前电网上的能源互联网的核心设备。任何不稳定的能源接入（如风能）都需要一个优秀的能量路由器。通过能量路由器可以管控能源互联网内的能源流，能量路由器提供了多种接口，以对应多种能源流类型的接入和输出，可以提供对不同结构电网的管理，实现多层次能源网络开发式管理控制。

既然未来能源互联网与信息基础设施有着类似的互联结构，就需要将信息基础设施整体嵌入能源互联网，实现信息能源基础设施一体化。目前，国内外从电力电子技术、储能、信息采集决策支持、多种能源形式转换、直流输电等角度出发分别提出了能源互联网和能量路由器的概念和模型，更需要借鉴互联网理念针对能源互联网将信息基础设施（如数据中心、云计算平台等）和能源基础设施（如储能、电力电子控制、电网等）做一体化设计。图 7 展示了一个信息能源基础设施一体化的典型场景。

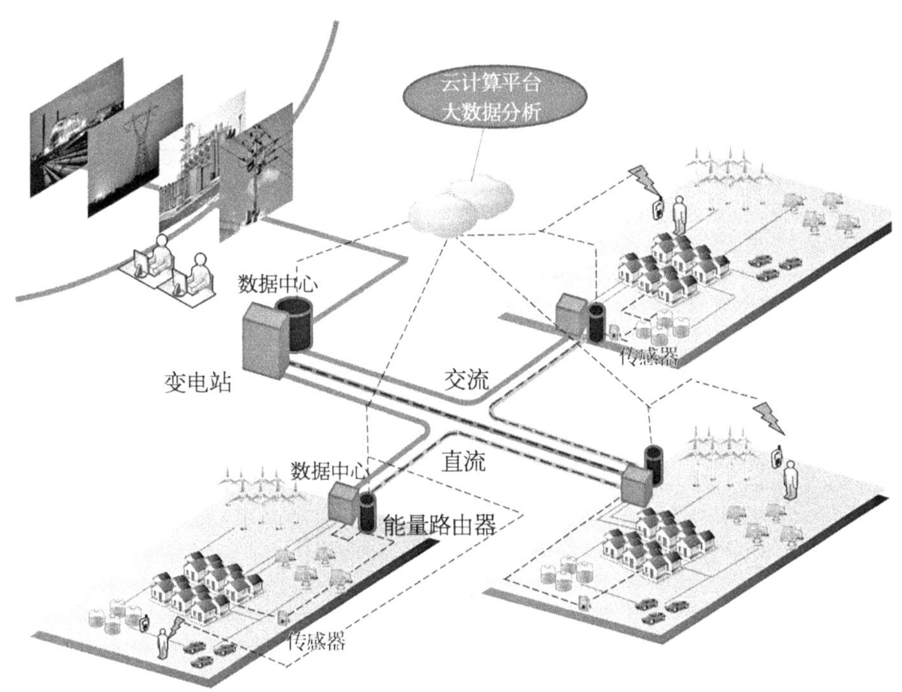

图 7　信息能源基础设施一体化示意图

　　信息能源基础设施一体化的实现,首要任务是数据中心和能量路由器融合、输电线路和光纤通信融合、传感器和微网及广域网融合等。可以通过能量路由器甚至整个能源互联网为数据中心供电,降低数据中心成本。由于通信基础设施和电力基础设施的一体化,可以节省数据中心的电缆铺设成本。理论上可以通过通信网络和数据中心设施更好地监控电力设备的运行状态,通过电力网络拓扑和通信网络拓扑的结合,可以更好地定位故障位置和及时进行修复工作,提高系统安全性和运行效率。每个能量路由器会配备一定容量的储能设备,可用于数据中心备用电力,平滑能量的传输。通信链路可以采用电力线通信或光纤通信,二者均可以与输电线路一体化建设,极大地减少了安装成本。融合的过程是一个信息化的过程,也是一个立足现有设施进行过渡的过程,是一个将互联网嵌入能源网的过程。

2.3.3　能源微网系统设施

　　完整的能源微网由微电网、热力网和燃气网互联组成,主要设备是能量管理设备、分布式能源装置、储能装置、能量变换装置和负载等,构成一个自成系统、自治运行的闭环网络单元。能源微网必须配备足够的储能系统,对多种类电源、热源、储能和多形式负荷的优化组合,尤其对储能和负荷的动态匹配管理,实现设备和系统高效、经济、安全地运行。能源微网的结构如图 8 所示。

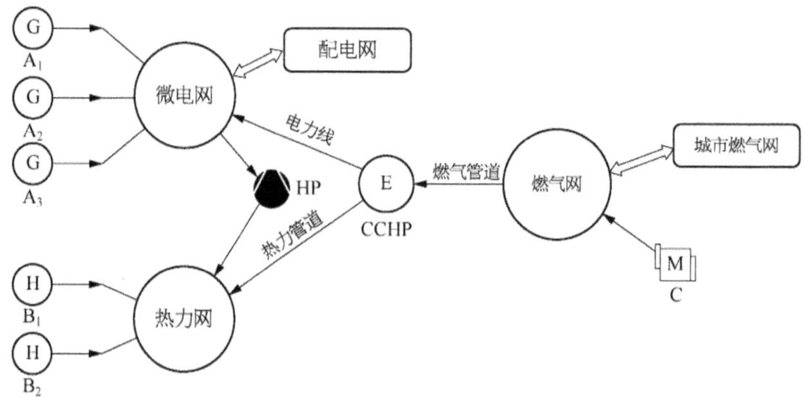

图 8　能源微网结构

A_1,A_2,A_3—分布式电源;B_1,B_2—区域供热热源;C—区域燃气(生物质沼气、垃圾填埋气)生产设施;HP(heat pump)—(地水源、空气源)热泵;CCHP—燃气热电冷三联供

　　由于负荷特性和集群特性,能源微网的运行和控制特性与智能电网会有较大不同,网架容量和结构、储能占比、新能源占比、动态(预测)响应、离网运行与支撑特性等会有本质不同,需要紧密结合用户特性和环境联系来设计实施,这也是当前阶段智能电网作为能源互联网雏形而不是本身(初级阶段)的根本区别之一。

　　微网运行和管控的核心设施是"源、网、荷、储"动态管控系统。此系统总体上可分解为"硬件拓扑设计技术"和"全数字化控制技术",既是实现微网多源(多类型、多数量)高效融合的基础,也是微网系统可快速定制的前提保障。微电网内分布式电源的间歇性、不稳定性以及大量电力电子装置的使用,会导致微电网公共连接点处的电能质量水平波动,且微电网多分布在配电网末梢,联网和孤岛运行模式的切换常伴随着较大的电压波动,导致微电网很难以良好的姿态并入配电网。逆变装置作为微电网的主要功率变换构件,间歇式、不稳定的微电网以及储能装置都需要借助逆变器输出利益群体要求的电能,但它却是产生谐波的最主要来源。随着微电网渗透率的增大,系统谐波也日趋复杂,从而对运行保护与管理系统提出了更高的要求。

　　拾遗式的多能互补是能源微网设计的灵魂和原则。合理地设计匹配不同用户能源需求的多能互补系统,是实现系统与用户间能量匹配的首要环节和基础,包括能源组合、结构设计、容量配比、储能比例等几部分。在能源组合上,充分考虑不同能源的时空分布特性,构成合理优化组合形式。在结构设计和容量配比上,利用各种能源转换关系,充分考虑负荷类型、用户经济、环境需求以及用户时空分布特性,尽量在结构上提高能源转换效率。在储能比例上,基于供能特征、负荷匹配、峰谷差异、并网方式、造价收益等,合理配置容量,优化选择方式,实现调节的灵活性。

　　能源微网的终极目标是提供稳定能量和优质服务,而电、热、冷、气等调度特性差异较大,分别在各自的通道里传输,只是在用户端、消费侧达到了某种适合的能量形式的供需平衡。因此,能源微网需要处理好节能和省钱、经济效益和生态效益、安全性和健壮性、运行控制的多元化目标和相应商业模式的关系,这也是微网的较大裕度的可控特性。

参考文献

［1］查亚兵,张涛,黄卓,等. 能源互联网关键技术分析. 中国科学：信息学,2014,44(6)：702—713.

［2］Cao J. Cyber infrastructure technologies and applications. New York：Nova Science Publishers,2009.

［3］Li G,Du CL, Song CY, et al. Cyber-physical aware model based on IEC 61850 for advanced power grid：Proceedings of the Asia-Pacific Power and Energy Engineering Conference,Chengdu, 2010：1 - 5.

［4］LEE E A. Computing foundations and practice for cyber-physical systems：a preliminary report, Technical Report No. UCB/EECS - 2007 - 72. Electrical Engineering and Computer Sciences, University of California at Berkeley, May 21,2007.

［5］Xu Y, Zhang J, Wang W, et al. Energy router：architectures and functionalities toward energy internet：Proceedings of IEEE International Conference on Smart Grid Communications, Brussels, 2011：31 - 36.

［6］曹军威,孟坤,王继业,等. 能源互联网与能源路由器. 中国科学：信息科学,2014,44(6)：714—727.

［7］程林,刘琛,朱守真. 等. 基于多能协同策略的能源互联微网研究. 电网技术,2016,4(1)：132—138.

［8］Rifkin J. The third industrial revolution：how lateral power is transforming energy, the economy, and the world. New York：Palgrave MacMillan, 2011：1 - 15.

第 3 章
能源互联网技术分析

3.1　关键技术

3.1.1　智能配电

　　能源互联网的发展使得配电网系统需要大量接入分布式电源、微网、电动汽车、储能装置等，因此智能化的配电网系统运行应满足自愈、互动、兼容、即插即用等需求。故此，亟须开展与之相适应的智能配电关键技术研究，研制新型、高效、环保的智能化设备，从而提高配电网供电可靠性、运行效率和设备利用率，提高供电能力和供电质量，提升配电网安全预警及应急供电能力。

　　智能配电关键技术研究，应采用先进的计算机技术、电力电子技术、数字系统控制技术、灵活高效的通信技术和传感技术，研制符合能源互联网要求的配电装备、配电自动化及运行优化系统、分布式电源接入及微网运行控制装备，实现配电网电力流、信息流、业务流的双向运作和高度整合，构建具备集成、互动、自愈、兼容、优化等特征的智能配电系统，实现运行方式自适应管理、配电系统节能降耗、分布式能源即插即用、新型储能装置与配电网的智能协同运行等目标。

1）配电网智慧管理系统

配电网智慧管理系统是保证配电网安全可靠、经济运行的重要技术手段。配电网智慧管理系统属于新一代配电自动化技术，是对常规配电自动化技术的继承与发展，除功能和性能的进一步完善提高外，主要特点体现在支持分布式电源的大量接入、深度渗透上。可以此为平台，通过与智能电网其他组成部分的协同运行，实现分布式电源的接入控制和运行管理、分布式智能控制、无功与电压管理、降低网损、提高资产使用率以及辅助优化人员调度、维修作业安排等新兴功能。

配电网智慧管理系统可以实现配电网革命性的管理与控制，实现接入分布式电源的配电系统的全面控制与自动化，使配电系统的性能得到优化和提升。配电网智慧管理系统能够满足分布式电源/储能装置/微电网接入和监控、配电网自愈控制、输/配电网的协同调度、多能源互补的智能能量管理以及与智能用电系统的互动等智能配电网需求。配电网管理系统集配电自动化、馈线分段开关测控、电容器组调节控制、用户负荷控制和远方抄表等系统于一体，是实现配电自动化的基础保障设施，其关键是要规范配电网应用软件技术要求、配网不同系统间图模交换数据格式、配网动态模型技术标准、配网大数据量信息接入方案。

基于物联网技术、云计算技术的配电网智慧管理系统，主要包括电能信息采集控制系统、电能质量监测分析系统、电网能量管理系统、用户侧能量管理系统等多个子系统，该系统有下面几个重点功能。

（1）电源协调控制功能。系统中包含多个分布式能源，可以是同类型的，也可以是不同类型的，它们的外特性、时间常数和组成环节等各不相同，需要解决能量平衡、电压稳定、系统的平稳性和可靠性等问题。

（2）电能质量控制功能。可再生能源的接入会对系统中的电能质量产生或多或少的影响，控制不当会对电压波形、频率、功率因数产生负面影响，尤其是太阳能、风能这种随机性的能源，频繁的启停操作、功率输出的变化，都可能给系统中的用户带来电能质量问题：大量单相分布式电源的存在，增加了配电系统的三相不平衡水平；电子负载易受暂态、跌落、谐波、瞬间中断及其他扰动的影响等。

（3）高级能量管理功能。能够根据能源需求、市场信息和运行约束等条件实时决策，自由控制可再生能源发电与电网的能量交换；调整电源冷热能量输出，满足热负荷和电负荷的需求；提供分级服务，通过延迟对弹性负荷的需求响应，确保关键负荷的优质电力保证；对设备和负荷进行灵活调度，确保系统的最优化运行。

敏感负荷电能质量综合治理技术不仅保证了敏感负荷免受电能质量影响，且消除了其造成的新的电能质量问题，是未来电网技术发展方向之一。通过研究建设电能质量在线监测分析系统，充分了解电网电能质量状况、特点，积累系统电能质量原始数据，分析区域电能质量问题类型、严重程度、地域分布、时段分布等方面的特点，研究电能质量问题产生的原因，预测可能产生的问题。深入研究电能质量治理策略，针对不同电压等级、区域、电能质量问题给出典型的解决方案，通过在线监测的持续跟踪，实现对电能质量的闭环治理，实现对电网电能质量可观、可控的目标，提高电网健壮性，满足用户对高质量电能的需求。

2）微网系统关键技术

微网系统包括分布式电源、储能、用电负荷和微网控制等四大部分，通过采用智能优化配置与先进的微网能量管理技术，实现分布式电源和储能装置的友好接入，与配电网协调运行；实现分布式发电和储能装置的能量协调控制，达到并网最优运行、离网稳定运行；实现微网系统运行状态、电能质量和运行参数的集中监控，实现分布式电源接入的保护及综合控制。

从微电网技术提高分布式可再生能源利用、支撑能源互联网建设的角度出发，微电网发展的核心关键技术包括微电网运行仿真技术、协调控制技术、能量优化管理、并网自适应保护与电能质量综合治理技术、分布式电源的即插即用技术等。相应的装置研制包括微电网中央控制器、微电网运行控制与能量管理系统、微电网并网自适应保护装置与柔性分布式电源并网装置、分布式电源与微网标准化换流装置等。

储能变流器是微网系统核心能源转换控制单元，目前还没有形成技术规范，核心技术问题还没有有效解决，主要包括双模式运行、平滑切换的可靠性、并联组网稳定性、带载能力与供电质量等问题。微电网能源管理系统包括微电网数据采集与监视控制（supervisory control and data acquisition，SCADA）系统、微电网运行优化系统。联网微电网用户侧响应系统是微电网连接终端用户的关键控制系统，主要包括负荷控制系统、分布式电源控制系统、分布式储能控制系统、联络线功率控制系统等。

3）智能配电设备

智能化的配电技术设备和装置包括先进的配电开关、新型配电变压器、环网柜、智能配电站、大容量高可靠快速切换固态开关、支路型逆变器等。目前比较先进的配电站可分为两大类：一类是具有独立进出线柜及变压器的配电室，另一类是箱式配电变压器。配电室通常有采用进出线柜进线，配备电压互感器（PT）柜、电流互感器（CT）柜等设备，有独立变压器室，可安装 1～3 台配电变压器。箱式配电变压器通常带进出线开关、CT 等设备，有单独的配电变压器室，可安装 1～2 台配电变压器。这两类配电站均具有一定的自动化功能。

对于能源互联网中大规模分布式电源接入引起的配电网负荷周期变化大，进而造成的变压器损耗高的问题，解决方案是研制高效节能配电变压器、研究负荷无冲击有载调容智能控制策略、实现配电变压器多级容量的有载自动切换，从而实现多级、大范围的自动调节容量变压器技术的突破。

配电开关及环网柜技术总体向高可靠性、模块化、智能化、操作方便、与环境协调、低成本、少维护的方向发展。为降低环境污染，需要研究满足环保要求的绝缘技术，为适应配电自动化系统建设的需要，有必要研究一次开关与二次终端集成技术。随着固封极柱真空断路器的出现，使开关柜进一步向小型化、高可靠性方向发展。

4）配电网规划技术

配电网规划技术是建立计算机辅助决策支持系统，进行潮流计算、网架优化、方案比选以及路径优化等，为配电网规划决策提供必要的技术支持。随着配电网规划理论的不断完善，配电网规划计算机辅助决策支持系统在向在线规划、多约束条件优化等方向发展，将进一步满足实际分布式电源灵活接入的配电网规划的需要，规划结果更具实用性。

配电网规划技术的方向是研究智能配电网规划平台框架、需求分析及系统设计方案，运用考虑分布式电源接入的智能配电网优化规划模型和规划数据挖掘模型，开发智能配电网规划计算机辅助决策系统。该系统的功能模块包括：公共信息模型（common information model，CIM）、基于地理信息系统（geographic information system，GIS)的配电网智能规划平台数据交换模型、配电网智能规划组件接口信息模型、正常和故障情况下配电通信网多种业务信息量的预测模型、电网与信息网集成的配电网智能规划平台信息模型等。

3.1.2　电力电子与能量路由

1) 电力电子技术

实现可再生新能源的有效利用要依靠电力电子技术，并网逆变器、光伏电池、风机、燃料电池、储能元件等都需要通过电力电子变换器才能与能源微网相连接。这些变换器可能是整流器和逆变器，也可能仅是一个逆变器，除了具备常规逆变器的功能，还需要具备一些控制功能，如有功-频率下垂控制功能和电压-无功下垂控制功能。

能源互联网是建立构建于信息架构上的能源网络，通过能源与信息的两相融合，实现发电、输电、变电、配电、用电的智能化管理。电力电子技术是实现能源互联有效控制的关键技术。智能通用电力变压器是将电力电子变换技术和基于电磁感应原理的电能变换技术相结合，具备可控性强、可实现所有柔性交流输电（flexible AC transmission system，FACTS）及配电系统柔性交流输电（distribution flexible AC transmission system，DFACTS)功能、电源接口灵活多样、体积小等优点，便于在多种类型电源介入、用电环境复杂多变情况下实现对能源流的控制。

2) 能量路由技术

能量路由器是能源互联网运行与控制的具体实施装置，在实际应用中执行智能管理系统的调控指令，完成不同地区上传能源的全网优化分配，实现不同地区用能需求的全网调配。

能量路由器是智能变压器的进一步发展，主要技术包括：能量路由器的存储控制，能源互联与路由机制，在分布式能源互联的基础上实现能源的对等互联、缓存、变换和路由。能量路由器可以根据信息流完成对能量流的控制，是电磁技术、通信技术、控制技术、电力电子技术、计算机技术的高水平综合产物。能量路由器设计框架如图 9 所示。

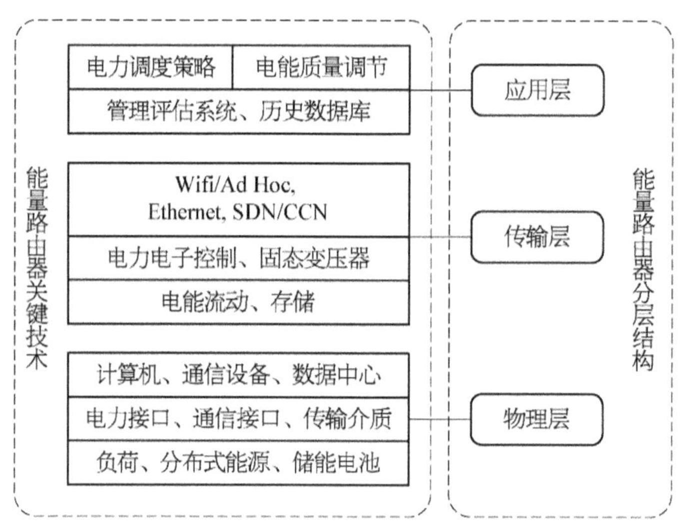

图 9　基于固态变压器的能量路由器设计框架

3.1.3　储能

1）面向能源互联网的储能技术

储能装置能够使具有间歇性、波动性的可再生能源产生的电能形成稳定的供给，并有利于平衡供需关系。能源互联网中储能设备的大规模利用，需要储能设备具备良好的经济性，这就要求储能装置具有使用寿命长、能够即插即用、储能效率高等特点。

对于微网以及分布式电源发电，需要几千瓦至几百千瓦容量等级的储能系统与之配合；而对于大规模风力发电场或太阳能发电场以及区域能源微网，则需要兆瓦级的储能系统用于平滑其功率输出。到目前为止，已经开发了多种形式的储能方式，主要分为化学储能、物理储能等。化学储能主要有蓄电池储能、电容器储能及近几年新兴的氢能储能，物理储能方式主要有飞轮储能、抽水蓄能、超导储能和压缩空气储能。在电力系统中应用较多的储能方式还有超级电容器储能、压缩空气储能等。这些储能技术都可以运用在能源互联网中。

2）储能系统集成与管理技术

（1）目前亟须研制大容量化学电池模块化集成系统、大容量化学电池储能装置综合能量管理系统、大容量化学电池储能系统能量转换装置和管理系统。规模化储能系统的核心组成为电池、电池管理系统、功率变换系统、面向电网应用的储能电站控制系统。

（2）研究不同储能方式的互补模式，研究混合型储能电站设计集成技术，研制集中型储能电站，研究集中型储能电站电池管理系统和电站运行维护技术。

（3）研究实现可再生能源发电系统与储能系统协调控制技术，研究兼顾最大功率跟踪、间歇性功率波动调节、电压波动调节、无功补偿、低电压穿越、孤岛运行、软并网和软解列的优化控制策略，研制大容量集成储能的间歇式能源功率平滑调节装置。

（4）为解决用户经济、实用需求与间歇性供给之间的矛盾，研发模块化分布式储能系统设计集成技术，为用户提供持续、稳定、性价比高的清洁电力供应。

（5）研究电池管理技术，研制先进的电池能量管理系统，包括电能分配、优化控制、状态监测、故障诊断和容错控制，提高电池储能系统利用效率和系统可靠性。采用信息通信技术实现对分布式电池的管理，并用于为超级计算中心的刀片服务器供电，可替代传统的集中式不间断电源（uninterruptible power supply，UPS）系统，有效提高能源利用率、可靠性和可扩展性。

3.1.4　智能能量管理系统

智能能量管理系统（intelligent energy management system，IEMS）是能源互联网借鉴因特网技术架构建立的关键组成部分。在能源互联网系统运行控制过程中，IEMS 可以基于本地信息对事件做出快速独立的响应，首先应针对能源微网内需求，如潮流和电压调度、电能质量和可靠性、提高运行的效率和经济性，但从长远看它还可对配电网提供一些辅助服务和可靠性服务。当网内电压跌落、故障、停电时，系统可以自动实现孤岛运行与并网运行之间的平滑切换，当运行于孤岛状态时，不再接受传统方式的统一调度。

IEMS 控制的主要目标为：

（1）可视化的互操作平台，实现实时、高速、双向的电力数据读取，该平台能利用多媒体技术显示潮流、电压、功角、故障位置、装置运行状态等信息，监视系统各功能模块，实现个性化信息披露，接收运行人员指令。

（2）为分布式可再生能源发电装置和储能装置提供接入接口，并可实现实时实地的即插即用。

（3）调节网内的馈线潮流，合理分配无功补偿，调节每个分布式发电装置（distributed generation，DG）接口处的电压，保证电压的稳定性。

（4）根据故障情况或系统需要，自主地与主网分离、并列或实现两者的过渡转化运行。

能源互联网中 IEMS 的构成设施和系统主要有微电网管理模块与虚拟电厂、虚拟能量存储系统与智能代理器以及可控负荷管理系统等。

1）微电源管理与虚拟电厂系统

微电源控制器是微电网最底层的核心控制模块，以提供有功功率和电压整定值为功能核心。有功功率的调度整定值取决于燃料成本、电功率成本的财务估算、气候因素和预期的程序运行要求；电压整定值应保持在预设的范围内，以确保微电网中适当的电压调节。微电源控制模块所具有的控制、优化功能越多，智能化程度越高，其设计也越复杂，对于庞大的数据信息收集、分析、处理的能力要求也越高，网络传输的速度和质量要求也更高，这些都将对电力电子设备、网络技术和数据处理提出非常高的要求。

将大量的分布式电源及储能系统整合起来，主要通过减少终端及用户设备和装置用电需求的方式产生"富余"的电能，这被认为等效于通过在用电需求方安装一些提高用电效能的设备，即"虚拟电厂"。建设虚拟电厂不仅有助于缓解电力紧缺，还能够在较长时间内持续发挥作用，形成和传统发电厂相似的容量和可靠性。

2）虚拟储能

虚拟存储系统是能源互联网物理架构中"用户控制端口"的主要功能之一，是在需求侧管理战略下实施的，它建立在动态数据驱动的范式上。能源互联网发展的一个巨大障碍是在这个网络中缺乏超大规模的能源存储容量，一些研究者认为通过智能信息管理和共享可以实现能量的虚拟存储。这种思路是在用户和供应者之间建立一个虚拟能量缓冲器。随着智能电能表的出现，动态地安排每个用户的

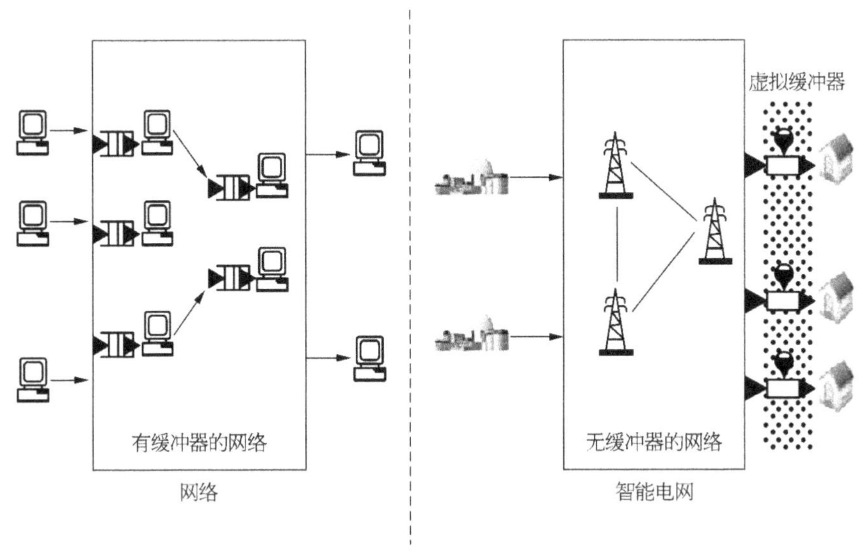

图 10　因特网与带有虚拟缓冲器的电力网络

用电情况将成为可能，这将在电力生产和消费之间创建一片虚拟缓冲器，如图 10 所示。

在这种新的模式下，每位用户的电力消费可实现智能化的管理，大大增加了电力网络的稳定性，不会给需要电力的机器设备随意供电，用户可以根据成本和收益做出最佳决策。例如，一些不急需电力的活动，如洗衣机的运转，可以安排在一天中电力充足和便宜的时段。电力成本由供需比和传输这些资源的网络容量决定。这种资源的管理使用方式类似于因特网中广泛使用的访问控制，因此产生了在生产和销售之间的虚拟能量缓冲器（储能系统），这样用户在需要时就可以使用已经生产并存储的电能。从消费者的角度看，并没有打破物理规律，电力仍然在生产出来的时候被实际消费掉，但是在动态消费调度下，电力资源被创造出来并且在使用之前已经被存储到电力网络中的某个地方了。

3）智能代理器

利用虚拟存储系统实现用电消费的动态调度，必须通过智能代理器（软件）才能执行。这些智能代理器将在客户的利益下行动，基于状态分析做出合理的决策。智能代理系统最重要的分析威力在于它的预测能力。它能够预测出它的客户未来消费模式，以便做出可能的安排。换句话说，负载预测能力是智能代理器的核心部分。

另外，为了保持局域网的正常健康运行，能源互联网中需要建立由智能代理器组成的智能代理系统。智能代理器为它的客户利益服务。智能代理器的客户可以是实际消费者、电网运营商、电力经纪商，也可以是非人类的实体，如变压器、发电机、传输线路等。智能代理系统监视局域网中的每一个负载，预测每一个单独个体负载的电力消费情况，并且做出预期行动指令以阻止潜在的故障级联发生。

4）可控负荷管理系统

可控负荷管理系统就是使用价格弹性来有效管理负荷不确定性。不确定性总是伴随着预测而产生，而且当成百万的预测数据累加在一起时，其产生的不确定水平就很可能变得不可接受了。在用户和供应商之间建立一个反馈环，以自适应地纠正预测误差。最好的反馈机制由价格弹性，特别是短期价格弹性来决定。

价格弹性是用于刻画顾客随价格变化的敏感性数学工具，短期价格弹性模型为顾客相应价格变化的购买需求意愿提供了一个估计量。用户和供应商之间可以建立动态协商机制，以获得供给和消费之间的精准均衡，即便在预测准确性不高的情况下也可以达到均衡。

3.1.5　多能互补混合仿真系统

能源互联网多能互补混合系统运行仿真的重点，是在大电网机电暂态（超）实时仿真软件的基础上，进一步开发适用于微网的潮流和暂稳计算程序，建立微电网规划运行及特性分析的仿真推演系统，实现微网运行的互动推演及结果的三维情景展示。多能混合仿真系统软件架构如图 11 所示。

规划运行仿真推演系统分为四个部分：面向微网系统集成运行特性和系统级操作培训的互动式微网运行培训系统，面向具体微网工程项目的定制化微网运行实景沙盘式展示推演系统，面向微网规划设计方案校核与分析的扫描式推演系统，面向微网运行控制系统装置校核与实验的扫描式推演系统。在传统交直流电网电磁暂态仿真方法基础上，针对微电网设备和系统集成仿真，分阶段完成网络、难点

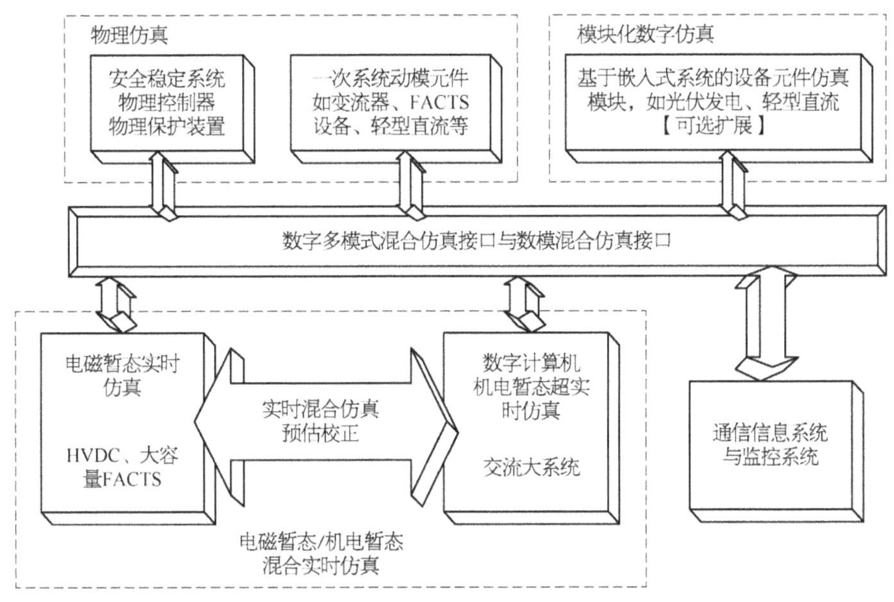

图 11　多能混合仿真系统软件架构图

电力元件模型开发,积累完善精细模型、特色模型和仿真功能,逐步完成微电网精细电磁暂态仿真软件产品开发。

从仿真角度分析,仿真软件能兼顾到多能互联微网的特点:电力电子化网络(传统"节点"不复存在)、能量形式多样化(重点考虑电能、热能、化学能等)、能源和信息融合、设备多样化、控制保护多样化、电网不对称(交流三相、直流两级)、微网多以大电网或配网为支撑。与此同步,应面向电网规划建设、设备制造与微电网集成企业、用电工矿企业、微电网示范工程等,根据需求,定制开发微电网元件精细模型,建立系统级仿真模型、微电网仿真软件或平台等。

微网仿真软件的重点是解决与微网中由暂态、瞬态过程可能引起的问题,分别是:稳定性问题,可概括为控制协调和参数匹配的问题;微电网运行效率和运行瓶颈分析;微网设备集成分析。目标是建立开发多能源系统耦合的暂态、动态过程仿真软件,以及基于此的能源互联微网规划设计、运行和控制特性分析的综合软件平台。

3.2　支撑技术

3.2.1　可再生能源

1) 大规模可再生能源接入电网安全稳定控制系统

目前分布式发电技术的研究还局限于系统内部运行机制研究领域,提出的主要控制措施集中在系统内频率与电压调节以及电力市场机制上,而对分布式电源接入系统的稳定性分析、安全与自动保护措施、独立运行机制、多电源运行机制等方面还少有系统性成果。

目前需要研制发电厂快速并入高压电网装置,实现分布式发电并网接入快速化、安全化、标准化和智能化。随着中国串补输电工程、高压直流输电工程不断发展,FACTS 设备、大规模风能发电厂等的不断增多,迫切需要进行同步震荡抑制装置研制。

同时,还需要研制风电场和风电机组故障穿越控制装置。在低电压、过电压、频率极限、不对称负荷等电网异常情况下,同时考虑风电场故障响应特性,研究风电场故障对电网安全稳定影响分析模型,构建满足风电场/风电机组故障穿越性能与指标的装置硬件拓扑结构。需要对风电场和风电机组提出严格的技术要求,包括低压穿越能力、无功控制能力、有功功率变化率限制和频率控制等。

2) 间歇式电源发电功率预测与协调控制系统

间歇式电源发电功率精确预测是实现可再生能源发电并网安全可靠运行的关键技术之一。近年来,在发达国家,太阳能光伏电源已开始由补充能源向替代能源过渡,并从偏远无电地区中小功率的独立发电系统向并网发电系统的方向发展。但在光伏发电和风力发电的精确预测方面,国内外尚未有成熟的实践应用。

开发大规模间歇式电源接入网源协调控制技术需要研究适用网源协调的风电场、光伏电站自动发电控制(automatic generation control,AGC)/自动电压控制(automatic voltage control,AVC)数学模型和求解算法,实现风电场、光伏电站有功和无功控制装置与电网调度协调控制;研制安全性高、实时性强、经济性优、网源协调性好的风电场、光伏电站 AGC/AVC 电网侧控制平台；实现风电场、光伏电站与机组一次调频协调控制；实现电网事故涉及送出系统时，风电场、光伏电站协助电网调度智能应急事故处理；研究考虑电网、电站和机组安全约束下风电场、光伏电站无功控制与无功补偿优先配置，实现常规电站与风电场、光伏电站协调控制。

开发大规模间歇式电源接入网源协调控制技术，可全面提升风电场、光伏电站可控性，推动网源协调控制技术发展，显著改善电能质量，为电网安全运行提供强有力的技术支持。

3）可再生能源发电并网测试设备

我国已对光伏发电接入系统分析、光伏发电对电能质量的影响、保护配置及相关管理规定作了一定的研究，并制定了《光伏发电站接入系统技术规定》、《小型电源接入电网技术规定》。我国风力发电机组基本还处于跟踪和引进国外先进技术的阶段，但也开发了风电功率预测系统和控制保护系统，而且还制定了《风电场接入系统技术规定》。

我国应研发风电机组控制系统接入导则符合性检测平台。检测平台能够检测频率变化范围、电压波动范围、电能质量、有功和无功调节功能、低电压穿越特性等，为可再生能源发电智能地接入电网提供技术支撑。建设满足风电场接入导则检测平台的试验电网，建设符合当前主流机型的双馈和直驱风电机组的控制姿态联调检测平台，建设符合风轮机特性的模拟试验平台，建设符合风电机组大功率变流器有功/无功调节及低电压穿越特性的检测平台，编制符合电网接入导则的风电机组控制系统检测规范。

4）大功率发电并网设备

大功率开关器件不仅在大规模可再生能源发电中有重要的作用，在智能化输配电的许多方面都非常重要，如高压直流输电、智能配电和智能用电等方面。在大功率并网光伏逆变器领域，大功率光伏逆变器的研发投资大、技术实力要求高。虽然国内外一些公司已经开发出了满足大规模光伏电站要求的并网光伏逆变器，但目前绝大多数还不能满足接入电网的技术要求。

分布式可再生能源系统使能源采集和生产小型化，并更贴近需求，其依赖低能耗、高转换效率的可再生能源采集转换设备。现有设备技术远远不能满足要求：

一是太阳能采集、转换为电能的效率较低；二是小容量低损耗的变压器、稳压器、逆变器等转换设备亟待开发。因此，提高电能变换器的转换效率和功率密度是目前需要发展的关键技术之一。

另外，在可再生能源发电技术方面，高效低能耗能源采集和转换设备也有待突破。

5）可再生能源联合发电智能监控系统

在风光储联合发电站方面，国内外均缺乏相关的系统性研究成果和成熟的实践经验。未来，各种可再生能源发电装置经常会混合在一起应用，有必要研究风光储联合电站一体化智能监控系统。

研究风光储一体化综合 SCADA 技术，包括基于 IEC61400-25 标准的风电场监控通信技术、大规模光伏电站 SCADA 技术、储能系统的 SCADA 技术，实现风光储示范电站与电网的信息交互，实现风光储示范电站与风力预报系统、光照度预测系统的信息交互。建立基于分层分布架构的包含风电场、光伏电站、储能系统以及变电站在内的一体化综合 SCADA 模型，研制风光储一体化电站的综合数据库平台和通信控制系统。

3.2.2　需求侧管理与响应

能源互联网所构建的高效信息交互系统，保证了能源互联网端对端（C2C）的能源电力信息流共享以及对整个系统的效率优化和安全调度。需求侧资源是未来电力系统以及能源互联网中重要的可调控资源，高效的需求侧管理和快速的需求侧响应成为平抑可再生能源间歇性和在分布式电源故障情况下维持系统功率平衡的一种有效手段。

电力需求侧管理（demand side management，DSM）指电力公司通过一定的激励措施影响用户的用电，实现节电和资源综合利用的行为。能源互联网中的需求侧管理通过与发电侧应用相结合来共同改进电力系统的性能，例如通过采用实时计价系统与需求侧管理技术提升风电接入率；在孤立的电力系统中构建负荷切换模型解决不同的风力发电容量和不同的需求响应策略下的系统运行和节能情况；在微网及可再生能源接入的背景下，基于天气预测和需求侧管理的电力管理系统；通过整合能源生产、消费数据与内部智能设备、客户信息、电力运行等数据，充分挖掘客户行为特征，提高能源需求预测准确性等。

有效实施 DSM 的各种技术方案需要智能电网信息支撑平台各部分的有效配合。电力需求侧管理技术所采用的测量系统是由智能电能表构成的高级测量体系（advanced metering infrastructure，AMI）。除了提供测量数据的获取与存储服务以及实现双向通信之外，AMI 可以提供实时和诱导性电价、能效监测与诊断、智能功耗与负荷以及分布式电源接入等功能。无论是进行负荷控制还是制定诱导性电价，电力部门都必须掌握一段时间内的系统负荷情况。因此，需求侧管理的分析和决策基于电力部门对用户用电行为的预测，应用智能电能表的测量数据进行负荷预测对智能电网极为重要。需求侧管理的控制执行系统可以按负荷管理实施方案是否在传统电价框架内分为两大类：一类是推行激励电价，间接进行负荷管理；另一类是针对特定用户设备直接控制，例如供电部门直接控制电力系统设备、降低电压、控制功率因数。峰谷分时电价和大用户负荷控制分别是上述两类方案的代表。需求侧还需要进行非计划性管理，例如停电情况下的用户通知以及后备电源启动、故障负荷线路切除等。

需求侧管理最为重要的工作是负荷管理，负荷管理的目标是抑制负荷增长、改善负荷曲线的形状。传统的负荷管理主要是拉闸限电和切负荷两种方式，都没有用户的主动参与，因此对用户的利益造成一定影响。智能电网中的需求侧管理由电力部门单方面管理逐渐向供需双方配合管理的方向过渡，其与传统负荷管理的主要区别在于是否有用户的直接参与。目前应用广泛的负荷管理技术有 3 种：直接负荷控制（direct load control，DLC），即电力部门单方面周期性切断负荷与电网的连接；间接负荷控制（indirect load control，ILC），指用户根据电力公司提供的价格信号主动进行独立的负荷控制；负荷能量存储，指用电公司和用户在非高峰时期存储电能并在高峰时期消耗所存储的电能。美国 Baltimore Gas and Electric（BGE）公司的 DLC 项目即通过定期支付用户一定补偿，在用户空调、热水器等特殊电器上安装开关。在电能供应紧张时期，控制中心发送高频信号到开关，使得电器周期性开、关，从而达到缓解用电压力的目的。

需求响应（demand response）是指电力用户根据价格信号或通过激励改变自己固有习惯用电模式的行为。强调电力用户直接根据市场情况（价格信号）主动做出调整负荷需求的反应，从而作为一种资源对市场的稳定和电网的可靠性起到促进作用。竞争电力市场中的需求响应措施可以大体分为三类：实时/分时电价响应，大用户负荷控制和负荷响应集成商管理，需求侧竞价。

3.2.3　物联网、云计算与大数据

信息系统是能源互联网的神经网络，其技术水平和设施建设状况决定着能源互联网的智能化程度。从"可操作的、易建设的"能源互联网架构出发，考虑近期（如 5～10 年内）能源互联网系统的设计和建设，目标是信息化的、智能化的、互联化的，那么，目前的信息技术已完全可以支撑，能源互联网信息系统要做的是在已有的互联网数据中心（internet data center，IDC）技术、通信技术、大数据技术、物联网技术、传感网技术和嵌入式信息设备的基础上进行集成应用开发，已基本没有需要核心突破的底层技术制约。从长远来看，能源互联网最终要达到能量信息设施一体化的层面，需要突破的底层技术很多，且非常前沿。

1）物联网

能源互联网用先进的传感器、控制和软件应用程序，将能源生产端、能源传输端、能源消费端数以亿计的设备、机器、系统连接起来，形成能源互联网的"物联基础"。在此基础之上，通过能源流与信息流的深度融合，实现发电、输电、变电、配电和用电的智能化管理。其中信息的采集、传输、处理和共享等方面面临的问题，可借鉴物联网的架构思想、技术方法来解决。

物联网的核心技术涵盖从传感器网络至上层应用系统之间的物理状态感知、信息表示、信息传输和信息处理，在智能电网信息系统体系中的通信、安全及上层应用等各个方面将起到重要作用：传感器网络技术可用于智能电能表等电网终端通信设备的数据采集和信息获取；实时和安全通信技术可用于电网运行参数的传输，实现电网运维数据和发电负荷数据的实时传递；数据存储和信息表示技术可用于电网海量数据的存储、管理、查询和组织；数据分布式处理和任务调度技术可用于电力系统安全稳定性分析、新能源接入后的能量流实时调配。物联网技术的发展使电力系统从一个相对封闭自给的控制系统融入计算机数字环境中，在提高电网稳定性的同时，使得风能、电能等新能源方便地融入智能电网信息系统，统一进行规划与调度。

2）云计算

能源互联网的核心目的是实现能源流和信息流的双向甚至多向交换，通过大数据、云计算技术解决了能源互联网对多尺度动态性的要求。云计算要求在基础设施、平台和软件应用层都能做到以服务的形式提供，即基础设施即服务（infrastructure as a service，IaaS）、平台即服务（platform as a service，PaaS）、软件即服务（software as a service，SaaS），增加系统层级和维度，使各种调度和优化方法如人工智能、启发式方法、模糊控制、多目标优化、数据挖掘、机器学习等都得到了应用，最终落实到综合各方面因素的系统整体效益的提高。但这些都还仅仅局限在挖掘计算系统本身的资源潜力，随着数据中心建设和云计算推广的规模不断增大，研究人员发现往往资源和性能的瓶颈不再是 IT 软硬件系统本身了，所以开始关注与能源电力供应等相关领域的结合。云计算平台扁平化的管理模式增加了能源互联网系统的运行效率和灵活性；云计算的分布式数据存储模型和并行处理模型为电网的实时规划与调度提供了数据支撑；云计算技术可实现客户和电力服务商之间信息的实时有效，使分享数据和动态双向交互评价变为现实。可以说，云计算推动了能源与信息基础设施的一体化。

集中式的管理和维护模式秉承绿色、低碳发展理念，是响应国家节能减排号召的重要实践。建设基于电信运营商物联网结合云计算技术的能源管理系统非常必要，以从机房、基站数据中获得能够真正反映设备运行状况的有效信息，利用在线能耗数据挖掘分析结果，辅助实现依据用能设备的负荷变化来动态优化用能设备的配电，大幅度减少电能消耗并为优化能源管理的决策提供科学支持。构建平台主要依托数据感知采集和物联网智能网关技术，包含数据感知采集。采集数据包括通信机房和通信基站两大类用能场所，具体为列头柜、机柜、空调、照明、办公插座等设备的能耗，还可以通过智能平台管理接口（intelligent platform management interface，IPMI）采集服务器设备的功率、温度、CPU 使用率、内存使用率、风扇工作参数等服务器状态数据。主要是依靠传感器等先进的仪表仪器设备进行采集，并通过现代先进的通信技术对能源数据进行处理，采用智能网关设备实现同时向多区域能管中心、省能管中心、国家能管中心同时分发报送数据，支持多种工业协议的接入、智能仪表的接入、采集数据的转换及控制管理。

基于云计算的能源数据采集方式，能够充分发挥云计算技术的优势，完成耗能企业能源数据的准确有效采集。基于云计算架构的能源计量数据平台可分为以下几个层次：基础设施层次、平台操作系统层次、应用和服务层次。功能模块设计包括通信网络、远程数据采集模块、实时监控模块、远程管理、数据统计分析和报表、数据挖掘分析和显示监控、实时信息发布等。未来的每个角落和个人都将拥有智能设备和网络接口，云计算将成为便利高效的数据分析模式。大数据和云计算的结合，是能源互联网数据系统和处理系统的发展方向。

3）大数据

能源互联信息体系形成了数据采集、传输、存储、分析处理的端到端数据贯通，大数据分析、机器学习和预测是能源互联网实现生命体特征的重要技术支撑。能源互联网通过整合运行数据、天气数据、气象数据、电网数据、电力市场数据等，进行大数据分析、负荷预测、发电预测、机器学习，打通并优化能源生产和能源消费端的运作效率，改变电网调度运行及运营服务模式，实现需求和供应的实时动态调整。能源计量数据采集管理信息平台将承载信息采集与发布业务系统、业务管理系统、数据库系统等多项关键业务应用系统。为便于对各地区的重点耗能企业进行能源管理，平台要求通过互联网进行数据的采集上报，以实现数据采集、远程传输、数据运算、数据分析、数据图形化显示、数据发布以及提出解决方案的数据综合处理信息系统。

现有很多能源数据采集方式，有服务器/客户端（client/server，C/S）架构，也有浏览器/服务器（browser/server，B/S）架构系统。我国现有的能源数据采集方式存在严重的不足，比较普遍的问题有：不能对大型设备、关键环节的能耗环节进行在线监测。由于无法联网，无法实现数据共享，使数据采集与监测分析受到严重的影响，导致不能及时把握整个能源消耗状况而使工作效率降低。

传统的非结构化数据存储方案通常为文件服务器系统等初级解决方案，仅能满足基本非结构化数据存储和管理需要，面对多维索引、类别和属性等高级特性缺乏支持。如果需要对积累的非结构化数据进行深度地存储管理，并为日后进行数据挖掘或结构化数据提取等高级需求准备条件，专业的非结构化数据存储和管理系统就成为现代电力企业信息化系统亟待建立的重要部分。

4）基于大数据的能源交易平台

未来能源互联网上将出现开放性的能源交易平台，为各个参与方提供开放共享的交易环境，支持能源交易、碳交易等多种交易类型，实现电力的批发和零售、虚拟电厂、售气、供暖、电动汽车的购电和反向售电等。同时，能量交易平台不仅仅是一个电力、燃气等现货的交易平台，还可以开展电力期货交易，以及从该平台延伸出来的金融交易。

能量交易市场包括现货市场和期货市场。能量的现货交易具有即时性、偶然性和冲击性，如何通过供需匹配和备用调剂，实现能量传输的瞬时平衡，是能量现货交易的核心解决问题。新能源开发的能量接入，使供应端的情况更加复杂，能量期货市场对提前匹配、计划平衡有重要的作用。

能量交易平台支持多种交易类型，除了石油、煤炭、天然气、电力、热力等能量形式的交易以外，其衍生业务还有碳排放交易、环保容量交易、绿色认证交易、清洁发展机制项目等。而碳交易市场由于买卖双方存在严重的信息不对称，更需要一个能源互联网平台实现交易的撮合。未来售电公司可以在能源交易市场中为用户提供节能降耗产品和服务，用户可以通过碳交易来实现补贴，故碳交易将成为推动能源互联网与互联网金融有机结合的工具和桥梁。电力使用的广泛性、调度的复杂性、交易的及时性决定了电力交易市场是最为复杂的市场。

在能源交易支付方面，依托能源交易市场、能源电子交易平台和分布式能源利用模式，建立能源主体信用制度，开拓在线支付、电子支付等快捷支付途径。

3.2.4　信息安全与防护

能源互联网将面临用户接入身份识别、访问权限、使用公共互联网传输重要数据等安全问题。在能源互联网的环境下，将开展基于可信计算的互联网交互终端可信认证模型研究，构建互联网交互终端可信认证框架。同时，可以采用基于角色的访问控制来实现对用户权限的管理，防止未经授权的非法访问。实现统一认证、统一授权、统一目录管理。安全保障包括工控安全、信息安全和通信安全共三大类。

认证和授权是识别主体（访问发起者）的身份并对其进行认证，确定是被许可的主体，之后确认主体已被授权访问资源，且确认主体能够对该资源执行哪些操作。认证和授权决定了谁能够访问业务系统，能访问业务系统中的何种资源，以及如何访问这些资源。信息认证与授权是成熟的技术，典型的安全认证包括：口令认证机制、数字证书认证机制、基于生物特征的认证等。授权技术包括授权管理基础设施（privilege management infrastructure，PMI）和基于角色的访问控制（role-based access control，RBAC）等。

1）工控系统安全

电力系统作为典型的工控系统面临着大量的终端和现场设备的脆弱性、通信网及规约上可能存在漏洞、采用线路搭接等手段对传输的电力控制信息进行窃听或篡改等安全威胁。

美国在工控安全领域开展了大量工作，已经形成了完整的工控系统信息安全管理体制和技术体系，如美国国家标准技术研究院（National Institute of Standards and Technology，NIST）已出台电力工控系统信息安全体系架构的标准（NIST－sp800－82），中国南方电网有限责任公司（简称南方电网）也开展了基于62351 的工控系统协议增强课题研究。国家电网公司（简称国家电网）依托国家发展和改革委员会（简称国家发改委）项目开展了工控系统的安全标准体系以及安全测评技术研究，并研发部署了电力二次系统内网安全监视平台，对安全设备运行情况和异常访问情况进行实时监视。

开展电网工控终端监测数据采集、基于规约行为分析的工控终端典型攻击检测与深度分析、现场作业安全审计与管控技术等技术研究，形成自主安全产品和装置，实现对电网工控通信协议及应用层威胁的深层次发掘与监测，提升电力工控系统安全可控水平。

2）数据隐私保护

目前国内外尚未有专门针对能源数据隐私保护的相关研究。为了防范数据发布中的隐私泄漏问题，研究者们在许多不同的应用领域提出了相应的解决方案，例如通过结合不同时间段发布的数据集或链接已发布数据集和已有额外信息，但是大量的可泄漏情况仍然存在。

开展能源互联网环境中的数据隐私保护方案及保护算法模型研究，如在不同的阶段采用不同的方法对隐私进行保护，最终能达到这些数据既可用，同时又不泄露用户隐私的目的。隐私保护方案可以从数据上传、用户查询、数据发布这三个方面来考虑。

3）可信主动防护

能源互联网安全防护体系要做到消除共享壁垒、支持开放互动，因此应建立可信主动防御体系。可信技术的核心思想是在系统平台中引入一个物理或软件的安全模块，采用密码技术建立信任根，然后建立一条由信任根、操作系统、应用程序组成的信任链，信任链中的各实体通过完整性度量机制一级认证一级，进而一级信任一级，然后把信任机制从信任根扩展到整个终端平台，从而实现系统安全。

开展基于可信密码模块（trusted cryptography module，TCM）的互联网交互终端可信技术、基于可信网络连接（trusted network connection，TNC）的互联网交互终端可信网络连接及传输协议及证书安全存储技术研究，建立基于可信计算的互联网交互终端可信认证模型，构建互联网交互终端可信认证框架，实现全球能源互联网的可信主动防护。

4）设备安全接入

为解决能源互联网互动化环境下移动作业、移动办公、用户用电信息采集等业务的设备接入时被反向控制及非法接入的安全问题，需采用安全接入措施。开展通信设备、电网工控系统现场作业设备安全准入技术、安全审计及管控技术等研究，研发相应的安全装置，保障设备的安全接入。

国外开展了 BYOD（bring your own device）场景的设备接入研究，提出采用身份认证、访问控制等安全防护措施；我国也开展了安全接入技术的研究，研发的安全接入平台具有身份认证、安全加密功能、授权与访问控制、数据安全过滤与交换、集中监管、终端安全防护等功能，可以实现从终端防护、传输可信和边界可控的信息安全防护，大幅降低智能终端被反向控制及非法接入信息内网的安全风险，为移动作业等业务的开展提供了坚实的安全保障。

3.3　辅助技术

3.3.1　互联网 ＋

互联网已经超越了技术范畴，成为一种具有超强融合能力的生态环境，正以巨大的力量逐步颠覆多个传统产业的生产和经营方式。能源互联网融合互联网思维和互联网、物联网技术，旨在实现可再生能源高效利用，分布式能源供应和共享是其主要特征,调动各能源单元的主观能动,形成具有自我服务、自我维护和自我更新的生态环境是它的目标。

开放对等理念在互联网建立之初即被认为是其生存和发展的根本。IP 技术简化了网络接入设备结构,降低了设备制造成本,使得互联网快速扩张。Email 和 Web 技术进一步方便了人们使用互联网,促使越来越多的传统业务向互联网转移。互联网几乎成为与人类社会同构的虚拟社会,开放、对等的网络环境更有利于用户间或产业间的信息共享,促进了产业融合和创新活动的开展。在可预见的时间内,互联网将颠覆更多的传统产业经营模式。

"马太效应"在互联网的发展过程中同样发挥作用,丰富的服务内容吸引越来越多的用户关注互联网,用户参与进一步丰富了网络内容,使得互联网进入了良性发展轨道。Web2.0、即时通信及移动互联网技术支持了自媒体和自通信业务的开展,其中,微博和社交网络给予用户自发丰富网络内容的机会;即时通信软件拓展了人们的通信手段,降低了通信成本;移动互联网更是加速了信息创造和更新的速度。

细致化分工使企业更专注于研发提高服务质量的技术,为互联网发展提供了技术积累。例如,谷歌针对搜索业务提出的 MapReduce、BigTable、GFS 引发了人们对未来互联网思考。此外,细致化分工为更精准地向用户提供服务奠定了基础,要求企业密切关注用户的需求变化,以用户体验质量(quality of experience,QoE)为核心的技术研发更具针对性和持续性。

开源提高了技术到产业化的转化效率,促进了技术创新,为互联网持续创新提供了不竭动力。当前,互联网是知识和技术共享的平台,其中包括互联网的相关资源,如涉及操作系统的 Linux 开源平台、涉及云计算的 Hadoop 平台、涉及网络协议的软件定义网络(software defined networking,SDN)开源平台等,用户可以根据需要下载源代码搭建自己所需的应用。此外,即时通信和社交网络为技术交流提供了渠道,为群智(crowdsourcing)解决问题提供了基础。

总的来讲,互联网思维和互联网技术强调以用户为中心、极致的用户体验、注重入口与流量、免费营销、众筹模式、数据为王、平台生态、跨界颠覆等。这些基于互联网开放、平等、分享等理念衍生出来的思维模式,被多次验证并将继续深刻影响能源互联网的发展。

3.3.2　智能能源

我国能源专家武建东首次提出了智能能源网的概念，并于 2009 年在中国国际经济交流中心成立了智能能源网研究组。智能能源网通过将水、电、气甚至热力等不同的能源品种网络进行有机整合，形成跨能源品种的能源生产、流通（交易）、消费网络，并采用信息化集成技术，构建一个生产输送侧与需求侧相对称、相互动的智能能源运转体系。

从广义而言，智能能源是指将现实资源转变为更高效率、更智能配置、更加清洁和更加安全的体系结构、互动能力和运营模式。从狭义而言，智能能源网建设包括智能油气网、智能电网、智能水务网、智能热力网、智能建筑、智能交通、智能工业管理和智能交互架构管理八大行业网络。智能能源网将推动所有能源设施从孤立设施、专业系统、行业网络整合为网络化能源生态集群，形成人、机、网、市场四位一体的格局。

智能能源网的主要特征是四个核心系统：智能化的集中分层式能源生产和输送系统、先进的储能系统、智能终端能源系统、智能能源服务系统。通过建构新型能源生产、消费的交互架构，形成不同能源网架间更高效率能源流的智能配置、智能交换，推动现有单向运转的能源体系向更高级发展，进化为生产、输送、分配、使用、市场、运行、客户、服务、远期能源价格管理和监管、碳权利与低排放奖励和不同能量网架之间优化整合互动的十要素流程。

3.3.3　智能电网

智能电网具有信息化、自动化、互动的特征，包含电力系统的发电、输电、变电、配电、用电和调度环节，覆盖所有电压等级，实现"电力流、信息流、业务流"高度一体化融合的现代化电网，它能够承载大规模可再生能源发电和分布式能源发电上网。

能源互联网的发展与智能电网的发展密切相关，目前开展的智能电网基本上是现有电网架构下的信息化、智能化，能源互联网则是借鉴互联网思维与理念构架的新型电网，其中的开放互联、能量交换与路由等特征有别于目前一般意义上的智能电网，可以形象地称为智能电网的 2.0 版本。

　　智能电网对分布式能源供需平衡的配置,主要体现在现有电网架构上通过信息化和智能化的手段,解决设备利用率、安全可靠性、供电质量、新能源接入等基本问题。但这还是在传统电网的基础上,根据电力需求变动,智能配置供需平衡,提高用能效率,依然是能源集中供应方对多方需求的智能电力配置模式。而能源互联网的不同,在于采用互联网理念、方法和技术实现能源基础设施架构本身的重大变革,构建新型的信息能源融合网络。能源互联网在智能电网基础上,大幅度增添了功能。能源互联网中既有集中的能源供应方,也有大量分散的能源供应方,还有分散的能源需求方,是多供应方对多需求方的智能能源配置模式。不论是分散化的用电设备,还是分布式的可再生能源,都可即插即用地接入,实现能源的共享。

3.4　技术与产业的关系分析

　　1) 新技术催生新产业

　　能源互联网需要新技术,新技术及技术升级必将产生新产品、催生新产业:直接催生新型产业;促进以电力为主的传统能源运行模式下配套产品与系统的升级;衍生和壮大间接相关产业。

　　(1) 在直接催生产业方面。能源互联网与传统电力能源网络的最大区别在于信息技术的深度介入和清洁能源的大规模、多样化生产,并由此带来的用户需求的多样化趋势。由此,势必催生出一系列新型产业,包括信息技术产业,如能量管理与交易平台、云计算与大数据和能量路由器等能源互联模式下的新一代能源领域产品;也包括储能领域变革产品,如相变储能产品;还包括能源互联模式下用户需求多样化而催生的需求侧管理产品等。随着产业化的逐步推进,能源供应端、传输端和消费端都会产生差异化的需求,势必出现更多产品和服务。

　　(2) 在传统能源模式下配套产品升级方面。能源互联网对电力电子器件的性能要求会有所变化,如快速响应性、耐压性和抗饱和能力等,如信息与电力电子技术结合的智能电力开关等,基于能源路由机制的特高压传输网络技术和基于智能微电网的配电网络等。这些方面都需要进行基于能源互联网模式下的产品性能评估和技术升级改造。

（3）在衍生和壮大间接相关产业方面。以电动汽车为例，能源互联网可方便地建设智能化充电桩，促进电动汽车的推广，而电动汽车的发展则可以带来众多配套产业的发展。以能源互联网与通信产业的结合为例，能源互联网在物理上可连接到千家万户，而其中通信基础设施的建设则方便了人们无线通信的需求。从技术实现角度来看，未来无线基站完全可以挂靠能源互联网的终端，实现通信信号的接收与发送。

2）产业发展促进技术完善

能源互联网产业发展要有新设备和新产品，需要新技术支撑。以用户需求和经济性为要点，推动能源互联网及其相关产业和技术的发展，新一代产业的大规模应用必然会反馈到能源互联网的运行效果上，淘汰不合理的技术，强化有生命力的技术分支。例如，天然气分布式、建筑节能改造、电力电子、传感及通信、物联网等行业，可紧密依托能源互联网而实现技术发展、行业转型和升级。

中国在清洁能源、新能源、分布式能源、智能电网、微电网等方面已经有了一定的规模和基础，如何促进这些新能源和分布式能源的更高效发展，如何完成新能源体系和传统能源体系的对接融合，需要技术界与产业界、政府部门等进行创新协作。一方面，对于分布式新能源、储能、微电网、能量路由管控、柔性电网、智能配用电等先进技术，其设备化、集成化、产业化是能源互联网建设的物理基础。另一方面，由于能源互联网对传统能源组织形式的冲击、消解，相关传统行业找到了发展、转型的突破口，促进了这些行业已有技术的改进升级和新技术的产生、发展、完善、成熟。

参考文献

［1］王成山，武震，李鹏. 微电网关键技术研究. 电工技术学报，2014，29(2)：1—12.

［2］杨新法，苏剑，吕志鹏，等. 微电网技术综述. 中国电机工程学报，2014，34(1)：57—70.

［3］Finn P, Fitzpatrick C, Leahy M. Increased penetration of wind generated electricity using real time pricing & demand side management：IEEE International Symposium on Sustainable Systems and Technology，2009：1-6.

［4］董旭柱，吴争荣，刘志文，等. 智能配电网研究热点. 南方电网技术，2016，10(5)：1—9.

［5］王晓寰，张纯江，高彩云. 等. 基于下垂控制的双模式逆变器一体化控制策略. 电网技术，2016，40(7)：2148—2154.

［6］郭慧，汪飞，张笠君. 基于能量路由器的智能型分布式能源网络技术. 中国电机工程学报，

2016,36(12)：3314—3324.

［7］ 王成山,武震,李鹏.分布式电能存储技术的应用前景与挑战.电力系统自动化,2014, 38(16)：1—8.

［8］ 叶季蕾,薛金花,王伟.储能技术在电力系统中的应用现状与前景.中国电力,2014,47(3)： 1—5.

［9］ Crow M L, Mcmillin B, Wang W, et al. Intelligent energy management of the FREEDM system：IEEE Power and Energy Society General Meeting. Minneapolis, MN：IEEE, 2010：1‑4.

［10］ 季阳.基于多代理系统的虚拟发电厂技术及其在智能电网中的应用研究.上海：上海交通 大学,2011.

［11］ Saboori H, Mohammadi M, Taghe R. Virtual power plant(VPP)，definition, concept, components and types：Power and Energy Engineering Conference(APPEEC),2011 Asia-Pacific, 2011：1‑4.

［12］ 高原,张尧学,周悦芝.TVSDM：一种支持透明计算的虚拟存储设备驱动模型.清华大学学 报(自然科学版),2013,53(7)：1064—1068.

［13］ 王野平,杨彦,荆朝霞.智能代理模拟在电力市场中的运用.华南理工大学学报(自然科学 版),2010,38(3)：109—122.

［14］ 张颖,容展鹏,张宇雄.基于微电网的电网需求响应研究.电力系统保护与控制,2015, 43(21)：20—26.

［15］ 丁伯剑,郑秀玉,周逢权.微电网多能互补电源容量配置方法研究.电力系统保护与控制, 2013,41(16)：144—148.

［16］ Sandholt K. Lessons Learnt from Grid Planning in Europe.中国电力,2012,45(11)： 13‑17.

［17］ 陆秋瑜,胡伟,闵勇.集群风储联合系统广域协调优化控制.中国电机工程学报,2014, 34(19)：3132—3140.

［18］ 刘道新,郭万祝,王世成,等.面向能源互联网的新型需求侧管理模式研究.电力建设, 2016,37(6)：10—16.

［19］ 马钊,周孝信,尚宇炜,等.能源互联网概念、关键技术及发展模式探索.电网技术,2015,39 (11)：3014—3022.

［20］ 张长水.机器学习面临的挑战.中国科学：信息科学,2013,43(12)：1612—1623.

［21］ 刘世成,张东霞,朱朝阳,等.能源互联网中大数据技术思考.电力系统自动化,2016,40 (8)：14—21.

［22］ 陈启鑫,刘敦楠,林今,等.能源互联网的商业模式与市场机制(一).电网技术,2015, 39(11)：3050—3056.

［23］ 王先培,田猛,董政呈,等.输电网虚假数据攻击研究综述.电网技术,2016,40(11)： 3406—3414.

［24］ 王明俊.智能电网与智能能源网.电网技术,2010,34(10)：1—5.

第 4 章

能源互联网产业体系

4.1 产业概述

4.1.1 产业结构

能源互联网产业指的是在能源互联网的系统建设和产品服务中，所涉及的材料技术研发、智能设备制造、智慧系统集成、专门物流销售、项目规划设计、项目建设维护、能量配用、能效服务、中介服务等组成的专门化、系统化、关系密切的生产部门，其内部各产业相辅相成、互有渗透。

2014 年 11 月完成的《中国能源互联网发展战略研究报告》按照对能源互联网建设的支撑密切程度，将能源互联网相关产业划分为内生产业、外延产业和服务产业。内生产业是能源互联网自身建设调整升级所涉及的基础产业，主要有清洁能源产业、储能产业、能源传感通信产业、能源新材料产业、能源新设备产业、智能电网产业、智能油气网产业等。外延产业是因能源互联网的发展而带动发展的新兴产业及共生产业，对能源互联网的发展建设有着重要的支撑和拓展作用，主要有新能源资源化利用、插电式交通、分布式制造、智能家居、直流电器等。服务产业是基于能源互联网业务的能量、数据、金融、软件等衍生的中介服务，包括能源公共服务和咨询评估服务两种。公共服务不直接创造产业价值，咨询服务是服务产业的重要内容，包括大数据服务、金融服务、咨询评估服务和智能能源管控服务。

该报告基于产业链布局，将能源互联网产业进一步划分为四类产业：基础设施类，包括分布式能源与可再生能源生产、微电网与主动配电网、储能设备、能量路由器等核心产业；电子信息类，包括传感与通信产业、能量云平台产业等辅助产业；关联发展类，包括绿色交通、插电式交通产业、智慧制造、智能家居、分布式制造产业等衍生产业；能源服务类，包括区域配售电产业、电力交易平台、大数据服务、金融服务、咨询评估服务、智能能源管控服务和智能社区服务等服务业。

4.1.2　产业演变

1）世界能源结构及趋势

能源领域的长期传统格局正在改变，全球能源需求的重心正向新兴经济体转移。到 2020 年，中国将发展成为全球最大的能源消费国，对亚洲地区的能源局势产生重要影响。2020 年后，中国能源需求增长将会放缓，印度将成为亚洲地区新的能源需求增长动力。到 2035 年，以中国、印度和中东地区为代表，将消费全球能源增长量的三分之一。2035 年，东南亚地区的能源需求将翻倍，将大大影响到亚太地区及大西洋沿岸的能源中心定位。

世界能源结构已经从煤、石油为主过渡到煤、石油、天然气三足鼎立的格局。新能源发电延续了高速增长的趋势，年发电量同比增速达到 19%，占全球发电量总额的 6.2%，全球市场上能源结构不断优化。2014 年全球总发电量 23 131.2 TW·h，同比增长 3.2%。与之相反的是，化石燃料发电量占全球总发电量的 66.6%，比重持续下降。

全球水能资源超过 50 亿 kW，陆地风能资源超过 10 000 亿 kW，太阳能资源超过 1×10^6 亿 kW，远远超过人类社会全部能源需求。随着技术进步和新材料应用，风能、太阳能、海洋能等清洁能源开发效率不断提高，技术经济性和市场竞争力逐步增强，将成为世界主导能源。电能作为优质、清洁、高效的二次能源，是未来最重要的能源形式，绝大多数能源需求都可由电能替代。

2）中国能源结构及趋势

我国以煤为主的能源结构导致二氧化碳排放长期居高不下，2014 年我国的二氧化碳排放量达到 96.8 亿 t，占世界排放总量的 27％。2014 年，我国与美国发布《中美气候变化联合声明》，首次正式提出 2030 年左右中国碳排放达到峰值，且届时非化石能源占一次能源消费比重达到 20％。在 2015 年巴黎气候大会上，我国做出承诺：2030 年单位 GDP 的二氧化碳排放量比 2005 年下降 60％～65％。因此，由清洁能源来提供更安全、更清洁、更高效、可持续的能源供应，是我国必然的道路选择。

我国已经将新能源产业作为能源发展的转型选择，并且具备了良好的基础优势。过去的 5 年中，我国风电开发成本从 1 万元/kW 降至 7 000 元/kW，累计下降 30％；太阳能发电开发成本从 13 元/W 降至 4.5 元/W，累计下降 65％。2015 年 11 月，《关于进一步深化电力体制改革的若干意见》的配套文件《关于有序放开发用电计划的实施意见》出炉，并提出建立优先发电制度、保障清洁能源发电、调节性电源发电优先上网、促进节能减排。对于风电、太阳能发电、生物质发电、余热余压余气发电按照资源条件全额安排发电，水电兼顾资源条件、历史均值和综合利用要求确定发电量，核电在保证安全的情况下兼顾调峰需要安排发电。拥有分布式风电、太阳能发电的用户通过供电企业足额收购予以保障，目前不参与市场竞争。

3）中国能源互联网产业发展

能源互联网产业发展的本质就是一次基础产业的高端结构战略转型。能源互联网的发展建设，对相关产业提出了高要求，也是其发展转型的契机。我国当前面临着能源改革呼声高涨、产业结构调整困难、经济增长压力巨大、新型城镇化建设紧迫等局面。我国能源互联网相关产业的发展，将是我国能源结构转型和经济结构优化的重要组成和有力推动者，为这些经济、社会问题的解决提供了道路选择，具有重大、深刻、紧迫的现实意义。

目前，我国还处于能源互联网发展的初级阶段。传统能源生产商与输配服务提供商仍然主导市场格局，积极利用改革政策导入前的空档期加紧竞争新业务的能力建设，保留和拓展优质能源用户基数。而新能源供应商和跨界企业，则正通过尚未互联互通的、局域性的能源网，如智能油气管网、智能电网、智能微网等在能源服务市场摸索、建设、运营新的商业模式。随着改革降低能源行业进入壁垒、局域多种能源互补网络的经济性得到商业化验证，以及更广泛的物联网基础设施加快部署，我国的能源互联网试验将在某些区域率先取得成果，其建设运营模式也将趋于成熟并推广。随之而来的将是更多的分布式、可再生能源被纳入有效的能源交易，能源产品和服务的供给形式也将变得多样化。

随着售电和配电市场的竞争性改革，需求侧管理成为坚实的业务增长支柱。由于运营技术与信息技术深度结合，在配电技术上以"削峰填谷"为内核的时间调度模式和"就地平衡与跨区平衡相结合"为内核的空间调度模式都将发展成熟。以智能计量和流量数据分析能力支撑的智能微网、虚拟电厂等技术会加速普及，平台化能源供给与能效服务模式逐步出现。各类平台同时竞争优质能源用户入口，平台化导致线性的能源产业链重组为多边关系的价值网络，供应商与用户往往同时具有生产、消费、销售多重角色。

4.1.3　产业重点

我国在能源互联网相关的技术研究、战略研究、产业规划、项目示范等方面尚处于起步阶段。随着相关技术研发、装备制造、项目建设、金融投资等方面的突破和成熟，我国能源互联网产业的市场规模将进一步突显。埃森哲公司（Accenture）在日前发布的《中国能源互联网商业生态展望》中预测，到 2020 年我国能源互联网的总市场规模将超过 9 400 亿美元，约占当年 GDP 的 7％。而此报告的市场评估仅涵盖了可再生能源、物联网及通信融合和微网建设层面。实际上，在能源互联网发展建设中，能源微网作为发展重点，也需要主干网基础设施的同步支撑。另外，能源互联网产业生态集合了生产、输送、分配、变换、存储、使用、管理、衍生服务等各个环节，因此插电式交通和分布式制造等衍生产业、大数据服务和区域能源规划及能源微网设计评估服务等服务业都将爆发巨大的市场价值。依此估算，到 2020 年，我国能源互联网相关产业的市场规模将具有不低于 10 万亿元人民币的总量。

坚持"能源形式上可再生新能源优先于传统化石能源，网络构建上分布式可再生能源微网优先于传统输配主干网"的能源互联网发展建设原则，可将我国能源互联网建设分为三个阶段。到 2020 年，可再生能源将从补充能源成为组成能源，关键的发电、接入和储能技术获得突破，主干网基本形成，微网建设模式化、规模化，能源互联网架构及产业始有雏形。到 2030 年，可再生能源开始成为主力能源，关键的多能输配调度、各种形式的接入、多电源输送网络稳控、储能等技术进一步突破，主干网全面建成，微网建设在范围、规模、层次上进一步完善，能源互联网架构及产业基本形成。到 2050 年，可再生能源为主、其他清洁能源调峰为辅的能源结构形成并稳定，能源互联网关键技术全面突破，能源互联网架构及产业全面成熟。

目前，传统能源生产商与输配服务提供商仍然主导我国能源市场格局，而新能源供应商和跨界企业，则正通过架构设计、系统研究和高效服务争取更多的市场话语权，通过分布式发电、微电网、能源微网等项目建设摸索和形成能源互联网商业模式。2020 年，智能电网初步建成，具有对符合一定条件分布式发电的自由接入能力、对一定容量电力的自由调度能力；对新能源发电有一定的调峰能力、双向潮流稳控能力；开始建立非常规电力的预警、调控和交易系统。在中东部的电力负荷中心区域建立智能配用电系统，能够支撑智能家居、插电式交通、分布式发电系统，直接带动分布式发电（微电网）建设、物联网建设、智能家居系统、储能系统等一系列制造产业的增长。天然气干网之间可实现调度，在中部、东部、北部等燃气负荷中心建立智能配用气系统，具有一定的多气源接纳和调度、调峰能力，支撑区域热电冷联产系统。

4.2　能量生产输配产业

4.2.1　分布式能源与可再生能源

分布式能源指的是开发规模较小、接入区域用能系统、就地利用为主的能源开发形式，如分布式光伏、太阳能热水及热泵、分布式风电、中小型燃气轮机、固体氧化物燃料电池（solid oxide fuel cell，SOFC）机组、垃圾焚烧热电联产、天然气热电联产、地水源热泵系统等。传统的余热余压余气发电及就地利用，也是能源的分布式利用。各种分布式能源技术的特点差异较大，按照能源开发对象的不同，形成了自成链条的分布式能源产业。

1）燃气（天然气、沼气）与热电联产

燃气分布式利用的主要形式是天然气、沼气和煤层气、合成气、页岩气等非常规气的发电和热利用。燃气分布式产业是围绕燃气生产、收集、处理、发电、余热利用、冷热电联供系统、三废处理等环节，开展的技术研发、设备制造、项目实施、运维服务、能量服务等活动形成的经济部门。

我国生物质分布广泛、储量很大，这是大力发展沼气的有利条件。沼气来源广泛，主要有城市生活垃圾的填埋气、生物质垃圾及污水处理生产的沼气、农林废弃物产生的沼气、养殖场畜禽粪便产生的沼气。沼气收集简单，燃烧发电的关键是脱水和净化处理。沼气通过脱去二氧化碳和水分、提高热值后，还可以并入天然气管网。

燃气冷热电三联供或热电联供系统主要应用于市区、居民集中区、经济园区和大型建筑等，未来在天然气机组中将占据越来越重的比重。目前适用于分布式燃气机组的主要是燃气轮机，随着 SOFC 发电系统不断成熟，SOFC 分布式系统也将占据一定的比例。燃气轮机可用燃料范围较大，可以使用重油、轻柴油、天然气以及高热值的生物质气，目前技术成熟、设备稳定，发电效率为 $28\%\sim42\%$，热电联供的效率可达到 $70\%\sim80\%$。由于整个转子十分轻巧，在起动机帮助下从冷态起动至带满负荷只需 $1\sim2$ min，燃气轮机通过快速起动方式，起动时间还可缩短一半。SOFC 作为第三代燃料电池技术，对天然气纯度、进气压力等要求不高，可直接使用氢气、一氧化碳、天然气、液化气、煤气及生物质气等多种碳氢燃料。SOFC 发电系统的特点是机组配置灵活（单机 $2\sim50$ kW）、发电效率较高、出力调节容易、全固态模块无机械转动部件，发电效率超过 50%、热电联供效率可达 90%、测试寿命在 10 年以上，目前国内外有较大的技术突破，处于商业化示范运行阶段。

余热利用部分常由余热锅炉或余热直燃机组成，烟气可进入余热吸收式冷（温）水机制冷、供热，冷却水可进入换热器供热水。常见的制冷是溴化锂吸收式制冷，可利用低品位的热量，还可以匹配耦合多种能源。余热制冷系统还可进一步配置冰蓄冷系统，形成更强劲的供冷和调峰能力。燃气完全燃烧后只产生二氧化碳和水，是完全清洁的过程。利用微藻等通过光合作用固定燃烧产生的二氧化碳并生成油脂，这些油脂提炼加工后就是微藻生物柴油。这是固定碳元素、遏制碳排放的理想途径之一，可实现燃气的零排放。

作为装备制造业最高端、最前沿的代表，燃气轮机是中国制造亟待突破和提升的主攻方向。通用电气、三菱、西门子等国外公司的产品大约占据我国燃气轮机市场份额的 80％，我国自主研制燃气轮机只占约 20％的份额，主要生产商为东方汽轮机有限公司、上海汽轮机有限公司、哈尔滨汽轮机厂有限责任公司。此外，国内株洲南方燃气轮机成套制造安装有限公司以及上海航天能源股份有限公司等通过与国外公司合作，提供燃气轮机成套设备安装及相关技术服务。目前，我国的燃气轮机在制造方面已经掌握了先进的工艺技术，可以制造涡轮叶片和涡轮盘等核心零部件，掌握了先进的控制技术，确保燃气轮机的安全。随着高温材料的研发、涡轮冷却技术的提高、压气机和各部件效率的提高，燃气轮机的简单循环热效率提高了 36％～40％，甚至超过 50％（燃氢透平）。

　　SOFC 天然气发电及热电联供系统已在国外得到商业化应用，我国一些企业是重要的原部件供应商，目前也在加紧开展整机系统的研发和运行。当前 SOFC 成熟技术集中在美国、日本和欧洲，这些国家和地区针对该领域持续投入了巨额资金，培育了如 Bloom Energy、三菱重工等众多优秀企业，分别在大型商业建筑和居民建筑中对该技术进行了规模化应用。欧洲一些国家联合成立了 SOSLeM 组织，旨在降低燃料电池堆的制造成本，通过合作研发和统一标准，减少生产时间和成本并提高其灵活性，引入多堆生产站，目标为到 2019 年降低 70％的制造成本。宁波索福人能源技术有限公司是从中国科学院宁波材料所改制成立的 SOFC 专业化研发生产公司，拥有原料、部件及整机研发能力，目前正在大力开展 200 kW 系统的研发。2016 年，中国国家能源局发布的《能源技术革命创新行动计划（2016—2030年）》和《中国制造 2025——能源装备实施方案》，首次将 SOFC 整机研发和项目建设纳入了国家级重点发展方向，这将刺激更多企业参与该领域。

　　以冷热电联供为主的天然气分布式能源将是我国当前分布式能源发展的重点。根据《关于发展天然气分布式能源的指导意见》，当装机规模达到 1 000 万kW，基本解决中小型、微型燃气轮机等核心装备自主制造，装备自主化率达到90％。到 2020 年，在全国规模以上城市推广使用分布式能源系统，装机规模达到5 000 万 kW，初步实现分布式能源装备产业化。2014 年底，中国已建成和建设中天然气分布式能源项目达到 104 个，主要分布在上海、北京、广州等大中型城市，总计装机容量达 380 万 kW。

　　随着气价的不断下降以及 LNG 接收站、燃气管网等基础设施不断完善，天然气分布式将迎来高峰，"十三五"时期天然气在中国能源革命中将占据更为重要的地位。燃气分布式产业的核心发展点是与区域微电网结合的燃气热电联产系统、建筑热电联产系统、燃气轮机机组制造、SOFC 部件与整机系统制造、三联供项目运行。

2）垃圾焚烧发电

垃圾焚烧发电是生物质燃烧发电的一种，是城区热电综合供能系统的重要组成，相比农林生物质燃烧发电，具有良好的稳定性、经济性和环保收益。垃圾焚烧产业是围绕生活垃圾的收集分类、预处理、焚烧发电、余热利用、污染物处理、废弃物利用、热电联供系统等环节，开展的技术研发、设备制造、项目实施、运维管理、能量服务等活动形成的经济部门。

垃圾焚烧的方式有直燃、热解、气化等三种，其核心设备分别是焚烧炉、热解炉、气化熔融炉。烟气及污染物在线监测、烟尘燃烧控制和尾气净化、二噁英燃烧控制和净化、余热锅炉等，也是垃圾焚烧的重要设施。在引进、消化、吸收国外先进技术的基础上，我国垃圾焚烧的技术和装备已基本完成了国产化和大型化的发展过程，在流化床焚烧炉、烟气处理系统等方面达到世界先进水平。我国首创的反火气化技术，在减少二噁英排放方面有显著优势。

我国城市人口众多，生活垃圾处理量很大。由于惧怕焚烧带来的排放污染，公众反对是我国当前城市垃圾焚烧厂建设缓慢的直接阻力之一。实际上，日本、欧洲等国家和地区的垃圾焚烧厂建在市区、居民区的比比皆是。建在居民区的垃圾焚烧厂由于稳定、全时段的热电冷需要，其综合能效和经济性更高，且清洁、安全、高效。

我国垃圾焚烧发电发展缓慢有深刻的制度原因，应该出台针对垃圾处理的法律规划，公开焚烧发电厂的建设过程，形成市场竞标机制，健全价格和补贴机制，明确运维监管责任。首先，我国的垃圾分类工作没有强力开展，分拣、脱水等程序繁重；其次，很多地方的垃圾焚烧厂建设是专属运营，没有形成市场竞争约束机制；再次，垃圾焚烧厂的建设补贴和运营监管不透明。这些原因在不同层面造成了恶劣的污染排放。另外，投资回收期较长、运营费用不足，也造成一些已建垃圾处理厂处于闲置状态。

3）光伏

分布式光伏是目前分布式新能源发电的最主要形式。分布式光伏产业包括光伏材料、电池、组件等的研发制造，汇流箱、逆变器等电力电子设备的研发制造，电站监测管控系统的研发生产，以及相应的项目施工、节能服务、中介服务等。

电池板作为光伏发电的重要组件，直接影响到光伏产业的经济效益。单晶硅电池和多晶硅电池在光伏面板领域占主导地位，薄膜太阳能电池市场如今正在悄然崛起。硒、碲、非晶硅薄膜、有机材料等纷纷进入电池研究的视野。薄膜太阳能电池可以应用在居民屋顶、薄膜太阳能建筑一体化、农用大棚、车船顶篷等领域，还可以打造移动充电产品。第三代太阳能电池主要有叠层太阳能电池、多带隙太阳能电池和热载流子太阳能电池等，这些新型电池还处于概念和简单的试验研究阶段。随着量子点材料在发光材料中的成功，量子点材料光伏电池的研发也将取得一定成果，它代表着太阳能电池的未来发展方向。

组件及电站智能化是分布式光伏的发展趋势。智能光伏组件集成最大功率点追踪（maximum power point tracking，MPPT）技术，核心器件为智能半导体芯片和分体无二极管接线引出端子。智能光伏组件较传统光伏组件可增加高达 20% 的发电量，同时降低光伏系统的运营与维护费用。

目前，我国光伏产业正处于稳步发展阶段，其核心发展点是结合建筑工业化的光伏建筑一体化、区域分布式光伏与微电网系统、智能化户用光伏系统。光伏产业在国内甚至国外都有不错的业绩。组件产能过剩、并网接入不力、屋顶资源不佳、项目融资困难等是制约中国分布式光伏产业发展的重要瓶颈。

4）风电

风能的能量密度低，风电建设目前以集中式利用为主。在风能条件良好的岛屿、农村、工业园区、城市郊区、屋顶，可以逐步建设分布式风电、小微风电和城市风电。城市风力发电机和微风发电机已经实现技术突破，可以商业化应用。

目前，我国风电总装机量位居世界第一，比重还将不断增大。根据《中国风能发展路线图 2050》，2020 年前我国将以陆上风电为主、近海风电为辅，每年风电新增装机容量达 1 500 万 kW 左右，到 2020 年力争风电累计装机达到 2 亿 kW，使风电占电力总装机的 11%，风电电量满足 5% 的电力需求；2020～2030 年，陆海并重发展，每年新增装机在 2 000 万 kW 左右，全国新增装机中 30% 左右来自风电，到 2030 年，风电的累计装机超过 4 亿 kW，在全国发电量中的比例达到 8.4%，在电源结构中的比例扩大至 15% 左右。

分布式风电是发电功率在数十兆瓦范围内的模块化、分散式、布置在用户附近的风力发电模式。风力发电机组的主要零部件有叶片、齿轮箱、发电机、导航系统、电控系统等。分布式风电机组功率小，技术要求更高。分布式风电产业包括风电设备零部件制造、风电整机制造、控制器和逆变器等制造以及风电站建设与管理等。分布式风电产业的核心发展点是小微风机制造、城市风机制造、风光储互补微电网系统。

近几年，全球主要风电设备供应商基本保持稳定。维斯塔斯、通用电气、西门子以及新疆金风科技股份有限公司（简称金风科技）等公司市场份额持续名列世界前十。在国内，金风科技、国电联合动力技术有限公司（简称联合动力）、中国明阳风电集团有限公司、远景能源（江苏）有限公司等企业拥有绝大部分的市场份额。2014年，国产机组中，金风科技的市场份额最大，占全国累计总装机的19%；联合动力第二，占全国累计总装机的11%。

我国风电设备的产业链已经形成，甚至在部分基础结构件、铸锻件等领域已经具有优势，单机容量呈现持续增大的趋势。近年来，从提高风力发电机组的效率、可靠性和降低大型发电机的制造难度等角度出发，采用液压系统、无刷励磁系统和高压发电机的风力发电机，在风力发电领域越来越受到关注。

5）热泵与建筑一体化

我国热泵技术的研究与开发始于20世纪50年代，热泵技术已经成为目前国内建筑节能及暖通空调界的热门课题，逐渐向市场化、产业化发展。热泵房间空调器性能已接近单冷空调器，我国政府已经制定了房间空调器、冷水机组和单元式空调器的能效等级。在柜式空调市场，格力、美的等大型空调器制造商都已成功开发使用于寒冷地区的热泵空调器，许多推出变流量系统产品的我国和日本公司也是采用热泵机组。

在东北等寒冷地区每年需取暖的时间长达4～6个月，为热泵提供了非常好的机会。对于北京选择热泵系统的建筑，市政府会根据市政规划委员会测量的面积提供一些经济上的补助。对地表水源热泵系统提供 35 元/m² 的补助，对燃气热泵和利用再生水的热泵则提供 50 元/m² 的补助。大连市已经被选定为海水源热泵的试点城市，该城市超过 500 万 m² 的建筑将由海水源热泵提供取暖和制冷，国家将为此提供 70% 的资金。沈阳也已制定了推广燃气热泵的具体规划，青岛市也开始大量推广海水源热泵。浙江、北京、江苏、山东、上海等地方政府也出台了鼓励蓄冷空调系统的政策。

但是，热泵设施推广也受到较大程度的环境影响限制。热泵系统场地观测资料及地下温度场的数值模拟表明，系统运行对地下水流场、温度场、水质及微生物生长均会产生一定的影响。当建筑物所需年内冷热负荷不平衡时，如热负荷大于冷负荷，热泵系统运行起始期应选在夏季；如热负荷小于冷负荷，热泵系统运行起始期则应选在冬季。

6）水力发电

截至目前，中国已按照"流域、梯级、连续、滚动、有序"的开发方针开发西部水电，对中部地区和东部地区水能资源继续实施扩机增容和改造升级。截至 2014 年底，全球水电装机容量约 10 亿 kW，我国水电装机容量突破 3 亿 kW，占全球的 30%。按照《可再生能源发展十二五规划》，预计到 2020 年，全国水电总装机容量将达到 4.2 亿 kW。

近几年，新型超高水头和超大容量的高性能水电机组研制将成为我国水电设备科研及制造业的主攻方向。百万千瓦混流式水电机组的重点发展方向是水轮机及调速器、发电机及励磁等附属设备的系统集成设计技术、水轮机水力设计和模型试验技术、机组刚强度及动力响应技术等。而 6 万 kW 贯流式水轮发电机组应重点发展水轮机转轮模型水力设计及试验技术、机组刚强度及事故停机转速稳定技术以及机组通风冷却技术等。

随着水电行业的不断发展，水电发展机遇带来的规模投资效益也逐渐显现。机械制造业、土建、水泥、钢材、重型施工设备、水轮机、电气设备以及服务业等相关行业将会大幅受益。此外，水电的发展对经济上较为落后但水能资源充沛的西部地区经济发展有利，可以促进当地劳动力就业。

7）海洋能

约占全球面积 70% 的海洋蕴藏着丰富的可再生能源，海洋能通常包括潮汐能、潮流能、波浪能、海洋温差能、盐差能和海上风能等形式。根据联合国教科文组织出版的《海洋能开发》显示，海洋能总的理论可再生功率为 7.66×10^{10} kW，其中温差能和盐差能能量最大，其次为波浪能。这些能量并不能全部被开发利用。按实际可开发量计，波浪能开发量最大，约为 3×10^{8} kW。

（1）潮汐发电在世界范围内应用也较为广泛，一些大型的潮汐能电站陆续建成。我国潮汐发电始于 20 世纪 50 年代，目前我国潮汐电站总装机容量已超过 10 000 kW。潮汐发电机组则应着力于适合潮汐特点的水轮机转轮的水力研究，提高适合于双向发电的水轮机转轮的水力研究以及机组防污。我国自主研制了单机容量 500 kW 和 700 kW 的灯泡贯流式水轮发电机组。

（2）我国潮流发电正处于工程示范阶段，浙江大学 60 kW 潮流能机组累计发电量超过 20 000 kW·h，大连理工大学 15 kW 机组完成了海试。2014 年，由哈尔滨工程大学协同中海油研究总院等多家单位研制，具有中国自主知识产权的世界发电量最大的漂浮式立轴潮流发电站"海能Ⅲ号"，在浙江岱山县龟山水道成功运行，标志着我国潮流发电在关键技术上处于世界领先水平。

（3）波浪能发电技术尚不成熟，装置的能量转换效率普遍较低。我国首先成功研制了气动式航标灯用微型波浪发电装置，在我国南北沿岸海域和大型灯船上广泛应用，弯管型浮标波浪发电装置已出口国外。振荡水柱式（OWC）波浪发电装置是当今世界最普遍的海洋波浪能转换器。波浪能的并网方法、波浪发电自适应装置的研究一直是国内研究的焦点。多元发展和综合利用是波浪发电技术的另一个方向。我国波浪能发电近期主要以岸基式波浪能发电站为目标，但大规模利用要考虑发展漂浮式波浪发电站，首先开发长江口以南沿海地区，鼓励制造水下装备经验丰富的传统企业与科研单位合作，缩短产业化的距离，发挥我国在制造上的优势。根据规划，到 2020 年我国将在山东、海南和广东各建一座兆瓦级岸式波浪发电站。

（4）海洋温差发电是利用深层海水与表层海水的温度差来汽化工作流体，带动涡轮机发电。越来越多的国家开始关注海洋温差发电和盐差发电，但受能量转化效率低和设备腐蚀等问题的困扰，真正大范围投入运用尚需时日。

我国正在规划建设三个海洋能海上试验场，已立项 2.8 亿余元支持海洋能海上试验场建设，我国首个国家级浅海海上试验场于 2014 年 11 月落地山东威海，该试验场海域的波浪和潮流资源可满足波浪能、潮流能发电装置模型/小比例尺样机试验的需求，同时周边科研、交通、制造加工等基础条件优越，可为后续试验场的建设运行积累经验。位于浙江舟山的潮流能试验场和位于广东万山的波浪能试验场已完成总体设计。

4.2.2　大电网与微电网产业

未来电网的结构将呈现大电网和微电网并存的格局。由于可再生能源具有分散性,就地利用资源的分布式发电和面向终端用户的微电网也将会大量出现。同时,由于未来电力资源与负荷资源的地理分布不匹配,以及可再生能源在广域范围具有良好的时空互补性,因而保持和发展一个规模适当的大电网是十分必要的。

目前,需要发展直流电网模式或交直流混合电网模式。直流输电网不存在交流输电网固有的稳定问题,将从根本上解决交流电网所固有的安全稳定性问题。从配电网和微电网层面来讲,未来的直流负荷将占相当高的比重且分布式电源(如光伏发电或储能)也将以直流模式接入电网。2020 年及 2030 年我国电网将主要以交直流超/特高压混合输电网模式发展,2050 年我国电网发展模式可能存在交直流超/特高压混合输电网模式、超导主网架模式及电源与负荷匹配模式三种情况。

1) 大电网相关设备产业

据国家电网的数据显示,已投产的直流特高压示范项目向家坝至上海工程,总投资为 232.74 亿元。在特高压投资中,设备投资约占 45%,其中,变压器约占设备投资的 30%,GIS 约占 25%,互感器约占 10%。

(1) GIS 设备。GIS 的全称是气体绝缘金属封闭开关设备,它是由断路器、母线、隔离开关、电压互感器、电流互感器、避雷器、套管、接地刀等元件组合而成的高压配电装置。GIS 市场目前被河南平高电气股份有限公司(简称平高电气)、中国西电集团公司(简称中国西电)、东北电气发展股份有限公司三家垄断,其中平高电气作为特高压 GIS 主要生产商,目前市场份额已经达到 40%～50%。

(2) 变压器。早在"十一五"初期,我国就已是世界上电力变压器的生产和应用大国,但并不是强国。随着国内首条特高压试验示范工程的上马,国内变压器企业迎来了发展契机,产品电压等级和容量一举跃居世界第一,占领了行业发展的技术制高点,同时促进了低电压等级变压器技术的不断成熟和完善。在变压器市场中,中国西电、保定保变电气有限责任公司和特变电工新疆新能源股份有限公司(简称特变电工)各占约 1/3 的招标份额。我国将来的变压器发展方向仍是朝节能型、低噪音、防火防爆型、高可靠性方面发展，主要发展方向有两个：一是向高压、超高压方向发展，尤其是 750 kV、1 100 kV 级别；二是向节能化、小型化方向发展。前者主要应用在长距离的输变电线路上，后者主要应用在城市输变电线路上。

（3）柔性输电设备。新能源发电带来了间歇性发电的接入、控制和双向潮流问题，柔性电力是以现代电力电子技术为核心的电能变换与控制技术，可以解决此问题。梦网荣信科技集团股份有限公司（简称荣信科技）是中国最大的柔性输电设备设计制造商。

2）微电网相关设备产业

在清洁能源发电比重不断加大的状况下，只有通过分布式发电以微电网接入配电网，才能最大限度发挥分布式发电的效能。

（1）光伏逆变器。光伏国内装机持续增长，2013 年甚至超过规划达到 11.3 GW。光伏装机的超预期增长也带动了国内光伏逆变器市场，2013 年光伏逆变器市场容量首次突破 50 亿元，达到 56.5 亿元，2014～2015 年市场容量将分别可达 56 亿元、57 亿元。国内排名较前的光伏逆变器制造厂家有合肥阳光电源股份有限公司（简称合肥阳光能源）、国电南瑞科技股份有限公司（简称国电南瑞科技）、特变电工、中国南车集团公司和华为技术有限公司等。此外，以无锡美凯能源科技有限公司、江苏现代能源微网系统有限公司为代表的专注低功率、多功能、可调度并网特种逆变器研发和生产的企业异军突起，更适合能源微网系统的设备支持；国电南瑞科技提出了"自同步型虚拟同步发电机"技术，实现了电压源型和电流源型的模型统一，具有动态响应快、控制精度高以及并网稳定性好等特点。

（2）风电变流器。风电变流器可以优化风力发电系统的运行，实现宽风速范围内的变速恒频发电，改善风机效，减少发电机损耗，提高运行效率，提升风能利用率。截至 2014 年底，我国风电累计装机容量已达到 114 608.89 MW，远超 2006 年制定的《国家中长期科学和技术发展规划纲要》的预期。变流器市场在风电行业自动化产品中属于竞争比较激烈的产品，除了国际上一些知名企业，如 ABB、西门子等具有比较大的市场占有率外，国内如合肥阳光电源、上海电气集团股份有限公司、国电龙源电气有限公司等企业也很有竞争力，价格较国外品牌便宜许多。

（3）微电网监控及能量管理系统（energy management system，EMS）。微电网监控整个过程包括对系统的实时监控、数据通信、数据存储、数据展示、人机交互等，使中心站能够直观、动态、综合地掌握微电网各系统的情况，同时便于进行系统设备故障率判断、发电数据统计和分析以及提供技术支持。同时，需建设集光伏、风电、储能、负荷等系统的数据采集、监测、存储、分析、展现系统，以便及时获取光伏电站生产及电站设备运行状态的信息，为集中监测、故障分析、技术支持、经营决策等提供及时、准确的数据基础。国电南瑞科技研发的微电网监控及 EMS 主要包括综合监测、稳定运行控制和能量管理三大功能模块。综合监测功能模块负责与逆变器、储能变流器、测控保护装置等进行数据交互，不仅可实现全网信息实时监测，还能根据需求对系统开关进行控制，对分布式电源及储能设备下发遥调、遥控指令。稳定运行控制模块负责实现一次调压调频、二次调压调频、并离网无缝切换、微电网潮流控制功能，保证微电网系统的安全稳定运行。能量管理模块是 EMS 的核心功能，它根据微电网运行模式，综合考虑分布式电源及储能系统的现有运行状态、用户负荷供电等级、功率预测参考等信息决策，调整微电网实时运行状态。

（4）无功补偿及谐波治理装置。通过安装并联电容器等装置对电力系统中所需无功功率进行补偿，以实现改善电压质量、降低线损、线路和变压器的增容、降低企业用电成本的目的。从产品的发展来看，无功补偿先后经历了调相机、固定补偿电容器、静止无功补偿器（static var compensator，SVC）、静止无功发生器（static var generator，SVG）等阶段。SVG 在响应速度、滤波特性、运行损耗和占地面积等方面优于 SVC，但较昂贵的价格是前几年影响其应用的主要障碍。近两年通过技术改进和规模量产，在小容量产品和风电等特殊领域，SVG 的价格已接近于 SVC，逐渐具备了替代 SVC 的性价比优势，今后 SVG 的发展值得期待。目前国内无功补偿装置市场处于领先地位的是 ABB、西门子、阿尔斯通、东芝等外资或合资企业，国内相关企业包括湖北能源集团股份有限公司、泰开电气集团有限公司、荣信科技等。

（5）继电保护装置。国家电网"十二五"规划投资 1.7 万亿元，其中 2015 年，国家电网与南方电网将总计投资约 4 813 亿元用于电网建设。另据《中国继电保护及自动化设备行业发展前景与投资预测分析报告前瞻》预测，"十二五"期间年均继电保护市场规模有望达到 450 亿元左右。以许继集团有限公司（简称许继集团）、国电南瑞科技、北京四方继保自动化股份有限公司等一批重点骨干企业为主体，经过对继电保护及自动化设备的更新换代，设备设计制造水平已与国际水平接近。在高端领域,国电南瑞科技和南京南瑞继保电气有限公司分别占据着电力自动化和继电保护的领导者地位;而作为国内配套能力最强的许继集团,在特高压直流输电控制保护系统以及换流阀方面遥遥领先,其配网自动化业务也颇具实力;国电南京自动化股份有限公司(简称国电南自)在电力环保设备方面更胜一筹;东方电子集团有限公司(简称东方电子)在调度自动化、电力市场、变电站自动化领域仍然具有较强的市场影响力。

(6)电线电缆。电线电缆是用于电能输送、信息传递以及照明等领域的一大类电工产品,大力发展高性能、高质量的特种电线电缆成为未来行业发展的重要方向。我国电线电缆行业尽管总产值已经跃居世界第一,可是在技术含量方面还有欠缺,特别是一些对技术要求、工艺要求很高的特种电缆依然需要从国外进口。据某些机构的统计,目前我国大大小小的电线电缆企业已近万家,而其配套行业如设备、原材料、半成品等也有数千家,但排名前 10% 的线缆企业仅占国内市场份额的 7%～10%,可见我国电线电缆行业集中度较低。

4.2.3　热力网及产业

热力网是由城市集中供热热源向热用户输送和分配供热介质的管线系统,由输热干线、配热干线、支线等组成。输热干线自热源引出,一般不接支线;配热干线自输热干线或直接从热源接出,通过配热支线向用户供热。在大型管网中,有时为保证管网压力工况、集中调节和检测供热介质参数,在输热干线或输热干线与配热干线连接处设置热网站。

在热力网的规模方面,一般大、中城市供热能力在 7 MW 以上(锅炉单台容量在 10 t/h 以上),民用建筑供热面积在 10 万 m^2 以上;小城市供热能力在 3 MW 以上(锅炉单台容量在 4 t/h 以上),民用建筑供热面积在 4 万 m^2 以上。2013 年,全国的集中供热面积约 58 亿 m^2,集中供热总量约 30 亿 GJ,供热管网长度约 18 万 km。

按热力消费市场的终端客户划分,热力供应行业可划分为工业市场和居民采暖市场两大类。目前工业部门是我国热力消费的主要领域,占全国热力消费总量的比重超过 70%,但是居民采暖的热力消费增速高于工业领域,占全国热力消费总量约 30% 且比重不断提高。我国供热产业热源总热量中,热电联产占 62.90%,区域锅炉房占 35.75%,其他占 1.35%。随着节能减排淘汰落后产能政策在全国的推广，各级地方政府加快了拆除高耗能、高污染、低热效率的区域小锅炉的步伐，而热电联产机组及大吨位锅炉具有节约燃料和减少环境污染的特点，在未来将成为我国主要的集中供热主体。

现阶段主要热力网供热以煤炭、天然气为上游热源，而未来随煤炭、天然气等传统能源价格的波动和分布式区域供热的市场需求，以太阳能、地热等形式的新型能源的供热将占有越来越大的市场份额。

同时，热电微网也是一个很有前景的发展方向，用户根据冷热电的负荷需求特性、运行目标、设备投资等多方面确定设备类型及容量，具有很大的灵活性。图 12 为能源微网系统中的热力网系统，整个系统分成两个部分：用户电负荷由风电机组、光伏电池、燃料电池供给，并可与大电网和蓄电池进行双向功率交换；用户热负荷由燃气锅炉和余热锅炉供给。燃料电池和燃气锅炉以天然气为燃料，将化学能直接转化为电能和热能；余热锅炉回收燃料电池产生的废热。

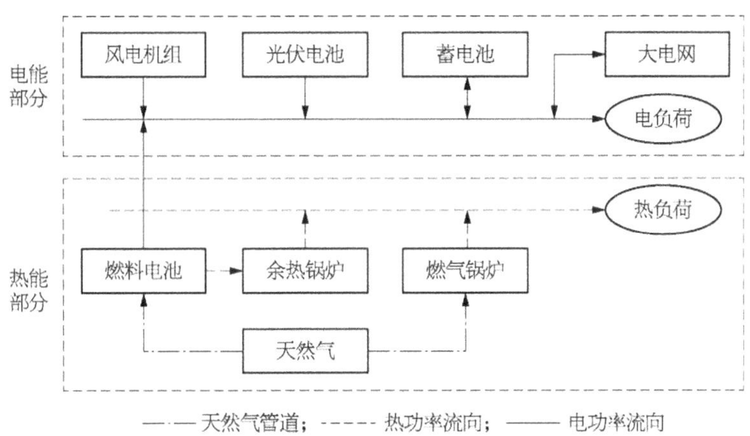

图 12　能源微网体系中的热力网系统

4.3　储能产业

电网的大规模储能对电网有调峰填谷、调频、调相、备用等作用，对微电网间歇性电源承担发电结构优化的重任。另外,在含分布式可再生能源发电的微电网中应用储能系统可以增加微电网惯性,提高微电网抗扰动能力,强化区域电网的供电可靠性和安全性。

目前主要的微电网储能调峰方式主要分为三类:机械储能、电磁储能、化学储能。其中典型的机械储能以抽水储能、压缩空气储能和飞轮储能为代表;电磁储能以超级电容器为代表;化学储能以锂电池系统为代表。铅炭电池、锂电池和液流电池被认为是新能源储能电池的三大发展方向。

中国仍然处于储能产业化的初级阶段,处于多种储能技术并存的状态,主流储能技术将由市场选择,在不同的应用领域会有不同的优势。飞轮储能和超级电容器储能适用于需要提供短时较大的脉冲功率场合,如应对电压暂降和瞬时停电、提高用户的用电质量、抑制电力系统低频振荡、提高系统稳定性等;而抽水储能、压缩空气储能和化学电池储能适用于系统调峰、大型应急电源、可再生能源并入等大规模、大容量的应用场合。

4.3.1　大规模储能

1) 抽水电站蓄能

抽水蓄能具有技术成熟、效率高、容量大、储能周期长等优点,是目前广泛使用的电力储能系统。抽水蓄能系统的容量可灵活设计,能量释放时间可从几小时到几天,是目前唯一达到吉瓦级的储能技术,同时转化效率较高,综合效率可达 70%～85%,但是,抽水电站蓄能系统需要特殊的地理条件建造两个水库和水坝,选址非常困难,建设周期很长,初期投资巨大,甚至会大面积淹没植被乃至城市,导致生态和移民问题。未来发展趋势是如何处理好电源建设与抽水蓄能电站建设的比例关系,实现水蓄、火蓄、风蓄、核蓄等互补蓄能的最佳配合。

我国抽水蓄能电站建设起步较晚,20 世纪 90 年代开始才进入开始发展期。根据国家《能源发展“十二五”规划》,“十二五”期间我国抽水蓄能开工规模 4 000 万 kW,2015 年底抽水蓄能装机规模 3 000 万 kW,但是“十二五”总开工规模 2 395 万 kW,仅完成规划目标的 60%。结合工程建设进度分析,2015 年抽水蓄能电站投产规模为 2 335 万 kW,仅能完成“十二五”规划目标的 78%。预计 2020 年底达到 7 000 万 kW,约占同期全国总装机容量的 4.4%,我国将超过美国成为世界上抽水蓄能电站第一大国。到 2025 年，全国抽水蓄能电站总装机容量将达到约 1 亿 kW。

2015 年安徽金寨、山东沂蒙、河南天池、河北丰宁（二期）、山东文登、重庆蟠龙抽水蓄能电站相继开工。其中，河北丰宁项目建成后，有望成为世界上装机容量最大的抽水蓄能电站。

2）压缩空气储能

压缩空气储能是另一种能够实现大容量和长时间电能存储的电力储能系统。它通过压缩空气存储多余的电能，在需要时将高压空气释放，通过膨胀机做功发电。压缩空气储能系统有六个主要部件：电动机/发电机（通过离合器分别和压缩机、透平连接），多级压缩机（等温压缩或者多级压缩带级间冷却装置），多级涡轮膨胀机带级间再热设备，控制系统（控制电站转换储能与释能工作模式等），辅助设备（如燃料罐、冷却系统、机械传动系统和换热器等），地下或者地上储气装置（包括一些管路和配件等）。

目前全世界仅有 3 座大型空气压缩储能系统和数个小型示范系统。第一座位于德国的 Huntorf，于 1978 开始运转运行，主要作为紧急备用电源和系统调峰使用，系统容量为 290 MW×2 h，空气储槽容量为 310 000 m³，深度达 600 m；第二座位于美国的亚拉巴马州的 McIntosh，建造于 1991 年，系统额定容量为 110 MW×26 h，主要用于调节系统峰值电力，空气储槽容量超过 500 000 m³，深度高达 450 m。第三座位于日本的砂川市，建于 1997 年，装机容量为 35 MW×6 h。另外，意大利、以色列等国也分别在建设压缩空气储能电站。

我国虽然对压缩空气储能系统的研发起步较晚，但随着电力负荷峰谷比快速增加、可再生能源特别是风力发电的迅猛发展，压缩空气储能系统的研究已得到相关科研院所、大学、电力企业和政府部门高度重视，是目前储能技术的研发热点。其中，2014 年 12 月，由中科澳能（北京）节能技术发展有限公司推出的中国首个 1.5 MW 压缩空气储能—多能分布式微网示范项目正式启动。

关于压缩空气储能技术的研发存在如下趋势：

（1）传统压缩空气储能系统将向压缩空气储能与其他类型电站（如燃气轮机和燃气蒸汽联合循环）耦合的方向发展，这样既可以提高系统的灵活性，又可提高整个系统的效率和经济性。

（2）带储热的压缩空气储能系统，除去了燃烧室，具有效率高、无污染的特点，并可以方便地和太阳能热发电系统结合，是压缩空气储能技术的重要发展方向，但需要性能良好的储热材料和设备。

（3）小型压缩空气储能系统结构简单，功能灵活。它利用高压容器代替储气洞穴，能够摆脱传统压缩空气储能系统对地形的依赖，可以用于备用电源、汽车动力和分布式供能系统等，具有广泛的应用前景。

（4）压缩空气储能与可再生能源的耦合系统可以解决可再生能源的间断性和不稳定性问题，是提高风能、太阳能等可再生能源的容量因子和大规模利用可再生能源的迫切需要，将是压缩空气储能技术近期的主要发展方向。

3）液流电池

根据电极活性物质的不同，液流电池可以分为全钒液流电池、锂离子液流电池和铅酸液流电池等。

正负极全使用钒盐溶液的液流电池称为全钒液流电池，具有容量和功率可调、大电流无损深度放电、使用寿命长、易操作和易维护等优点。作为一种单一金属离子的大型储能系统，钒电池避免了传统铅酸电池的电解液交叉污染问题，可用于电网调峰，也可作为医院、工厂、社区的紧急连续供电设备。它的瞬间再充电特性使它也可用于电力牵引，作为公交客车、潜艇等的动力电池。

4.3.2　分布式储能

1）飞轮储能

飞轮储能电源系统综合了先进复合材料转子、磁轴承、高速电机以及功率电子技术。在 2000 年前后，以美国为代表的现代飞轮储能电源商业化产品开始推广。例如，ActivePower 公司的 100～2 000 kW CleanSource 系列 UPS 已经应用于精密电子生产企业、信息数据中心以及网络通信系统等，满足高级用户对高质量的供电需求。美国、德国、日本等发达国家对飞轮储能技术的开发和应用比较多。欧洲的法国国家科研中心、德国的物理高技术研究所、意大利的 SISE 均正开展高温超导磁悬浮轴承的飞轮储能系统研究。

目前国内从事飞轮储能研究的单位有：清华大学工程物理系飞轮储能实验室、华北电力大学、北京飞轮储能柔性研究所（由中国科学院电工研究所、天津核工业理化工程研究院等组成）、北京航空航天大学、南京航空航天大学、中国科学技术大学、中国科学院力学研究所、东南大学、合肥工业大学等。华北电力大学和中国科学院电工研究所、河北省电力局合作，已经开始就电力系统调峰用飞轮储能系统的课题进行研究。2008 年，中国电力科学研究院电力电子研究所在中国人民解放军第 306 医院安装了一台容量为 250 kW、磁悬浮轴承、能运行 15 s 的飞轮储能装置，可与备用的柴油发电机相互配合，这是飞轮储能首次在中国配电系统中安装使用，但与国外技术水平仍有差距。

2）超级电容器

超级电容器的应用日渐成熟，其应用方向可分为以下几个领域：小功率电子设备的主电源、替换电源或后备电源，混合电动汽车和电动汽车，可再生能源发电系统和分布式电力系统，能量缓冲器。能量缓冲器由超级电容器和功率变换器组成，主要应用于电梯等变频驱动系统。当电梯加速上升时，能量缓冲器向驱动系统中的直流母线供电，提供电机所需的峰值功率；当电梯减速下降时，能量缓冲器吸收电机回馈的能量。

超级电容器的发展趋势主要是提高电容器的容量和循环特性、降低成本。就提高性能而言，超级电容器的电极、电解质的改进是重点。目前超级电容器电极材料的研究重点在于：组合利用现有的电极材料，例如结合电双层电容和法拉第准电容的储能机理，从而提高电容；开发新型电极材料。实际上，新型电极材料的开发从来没有停止过，从活性炭、碳纤维、金属氧化物、碳纳米管、石墨烯到复合电极材料等，不断有新材料问世。电解质的研究重点在于开发电位窗宽、耐高低温、离子导电性好的材料。就未来十年的发展而言，超级电容器将是运输行业和自然能源采集的重要组成部分。其中，用于装配启停系统车辆的超级电容器，将成为其未来的主要销售产品，预计 2020 年产值将超过 3.5 亿美元。目前超级电容器占世界能量存储装置（包括电池、电容器）的市场份额不足 1%，在中国所占市场份额约为 0.5%。2016～2020 年，随着超级电容器在汽车启停、电网储能、轨道交通、军事、港口等领域的成熟应用推广，预计有超过百亿的市场需求。

在超级电容器的产业化方面，美国、日本、俄罗斯、瑞士、韩国、法国等国家起步较早，凭借多年的研究开发和技术积累，目前处于领先地位。如美国的 Maxwell，日本的 NEC、松下、Tokin 和俄罗斯的 Econd 公司等，这些公司目前占据着全球大部分市场。国内大容量超级电容器的研发开始于 20 世纪 90 年代，目前国产超级电容器已占有中国市场 60%～70% 的份额。国内超级电容器产品虽然在工艺和部分产品性能上不及国外公司，但差距正逐步缩小，特别是在卷绕型和大型超级电容器方面，其技术与国际接近，如宁波南车新能源科技有限公司产品的某些性能甚至超过了国外同类产品。在环保型交通工具方面，中国在超级电容公交电车的应用方面领先一步。2006 年 8 月 28 日，上海 11 路超级电容公交电车，即"上海科技登山行动计划超级电容公交电车示范线"投入运营，在实际应用领域走在了世界前列。

3）锂电池

锂电池的阴极材料为锂金属氧化物，具有高效率、高能量密度的特点，并具有放电电压稳定、工作温度范围宽、自放电率低、存储寿命长、无记忆效应及无公害等优点，广泛应用于数码产品、电动工具、电动自行车、新能源汽车和储能等。锂电池的主要结构构成为电池盖、正极、负极、隔膜、有机电解液、电池壳等。

2014 年，全球以及各大企业纷纷加大锂离子电池研发支持力度，新技术和新产品不断涌现，技术创新及产业化步伐加快。可弯曲电池、固态薄膜电池、微型电池等新产品先后亮相，有望在近两年内进入市场。陶瓷涂层隔膜得到广泛应用，明显提高了锂电池的安全性与可靠性。正极材料电压提升至 4.35 V 乃至更高，5 V 镍锰二元材料开始量产，带动了整个电池体系创新发展。电池能量密度持续提升，单体电池容量稳步上升。

预计 2022 年全球锂电池总需求量和市场规模将分别达到 125.4 GW·h 和 422 亿美元，未来十年复合年增长率预计分别为 14.9% 和 12.9%。目前中、日、韩三国企业合计占有全球 90% 以上的市场份额，全球锂电池产业逐步形成了中、日、韩多头垄断的市场竞争格局。

近年来，我国锂电池产业产值由原来的数百亿元发展到超过千亿元，成为新一代智能手机、各种电动汽车、风能和太阳能储能系统等诸多重大应用领域的主力电源之一。我国锂电池生产技术逐步提升，市场需求稳定增长。数据显示，我国是世界上最大的锂电池制造国，按照市场份额计算，我国锂电池已经占到世界市场份额的 40% 以上，并且这一速度还在提升，目前我国的锂电池增长速度大概保持在 10% 左右。

4）铅碳电池

铅碳电池是一种电容型铅酸超级电池，既发挥了超级电容瞬间大容量充电的优点，也发挥了铅酸电池的比能量优势，且拥有非常好的充放电性能。由于加了碳（石墨烯），有效阻止了负极硫酸盐化现象，延长了电池寿命。铅碳电池适用于混合动力汽车、电动自行车等领域，也可用于新能源储能领域。

铅碳电池的核心技术突破是将具有双电层电容特性的碳材料（C）与海绵铅（Pb）负极进行合并，制作成既有电容特性又有电池特性的铅碳双功能复合电极。2005 年，澳大利亚联邦科学与工业研究组织（CSIRO）的 L. T. Lam 等人首先报道了铅碳超级电池的开创性工作，并与日本古河电池公司合作，生产出 12 V、6.7 Ah 的超级电池。2009 年，美国政府拨出专款支持发展铅酸"超级电池"项目。国内企业如南都电源、烯晶碳能、天能集团等也研发出了各具特点的铅碳电池储能产品。南都电源正在募集资金重点投建 10 GW·h 铅碳电池生产线。

铅碳电池能够在车辆加速和制动期间快速地输出和输入电荷，特别适合于微混合动力车和微型纯电动汽车（MEV）的"停止-启动"系统，动力电池是目前铅碳电池的最大应用市场。欧盟计划到 2017 年生产启停电动汽车的占有率达到 80%，仅此一项对铅碳电池的需求将达到 50 亿美元/年。预计到 2020 年，国内微型纯电动汽车（MEV）对铅碳电池的需求量将达到 150 亿 W·h，实现销售额 100 亿元人民币，满足 100 万辆 MEV 的动力电池需求。

4.4　传感网与云平台产业

4.4.1　传感器产业

在信息采集系统中，传感器把各种非电物理量（如温度、压力、力、加速度、湿度等）或化学量（各种气体的浓度）转换为电压或电流，再由通信系统进行数据的收集和传输。现代传感器集成了信息感知和数据转换两个功能，甚至还具有通信功能。传感器一般由敏感元件、转换元件、变换电路和辅助电源四部分组成。敏感元件直接感受被测量，并输出与被测量有确定关系的物理量信号；转换元件将敏感元件输出的物理量信号转换为电信号；变换电路负责对转换元件输出的电信号进行放大调制；转换元件和变换电路一般还需要辅助电源供电。

传感器的特点包括微型化、数字化、智能化、多功能化、系统化和网络化，它不仅促进了传统产业的改造和更新换代，而且还可能建立新型工业，从而成为 21 世纪新的经济增长点。

1）热力系统和油气系统应用

热力系统和油气系统的传感器主要是温度、压力、流量传感器。随着系统自动化和复杂化程度的提高，信息量越来越大，对传感器的精度、可靠性数据能力和响应的要求也越来越高，同时还要求传感器有标准的输出形式，以便于和系统挂接。在能源互联网中，很多传感器直接暴露于自然环境中，这对传感器的稳定性和抗干扰性提出了更高的要求。

传统的温度传感器有热电偶、热电阻及辐射温度计等，主要是针对传统产业，在高科技领域，其应用效果并不理想。近年来出现了一些新的温度传感器，如光纤温度传感器、特种测温热敏电缆、石英温度计、声学温度计和超声波温度计等。近年来，光纤技术的发展为非接触式测温在生产中的应用提供了非常有利的条件。光纤温度传感器的研究取得了较大的进步，它比传统的温度传感器具有更多的优点，如抗电磁性能高、耐腐蚀性强、体积小等。同时，光纤温度传感器的种类繁多，包括分布式光纤温度传感器、光纤光栅温度传感器、干涉型光纤温度传感器、光纤荧光温度传感器和基于弯曲损耗的光纤温度传感器等。

传统的硅压阻式压力传感器基本都把电阻排布在硅膜外表面，由于直接与外界环境接触，会使器件的性能和寿命大打折扣。为了提高器件在恶劣环境下的可靠性，目前普遍采用的是压力变送的封装技术，即将压力传感器芯片封装于充满硅油的密闭结构中，外加压力通过硅油从不锈钢膜片传递到压力传感器芯片上。此外，针对高温情况研制了高温压力传感器，如 SOI 高温压力传感器、SiC 高温压力传感器、SOS 高温压力传感器、多晶硅高温压力传感器、光纤高温压力传感器和陶瓷厚膜高温压力传感器等。美国 Foxboro 公司已经实现了多晶硅高温压力传感器的产品化。

传统的流速、流量传感器基于机械技术进行测量，测量误差大且精度低，而且一般采用体积法测量，传感器体积庞大，不利于系统的集成。为了适应现代化大容量数据传输和远程管理的需求，流量计量技术逐渐与半导体和 MEMS 技术相结合，其中具有代表性的有热式质量流量计、超声波流量计和多普勒流速仪等。2010年，上海交通大学微纳科学技术研究院分别基于 SU‑8 沟道材料和 PDMS 封装工艺制作了热温差式流量传感器，量程范围为 $1\sim100$ mL/min。同年中国电子科技集团公司第十三研究所徐永青等人使用标准硅工艺与铂薄膜传感元件制造了一种适用于民用天然气管道的温差式流量传感器，量程达到 $8\sim3\,000$ L/min。目前，已发展成熟的光纤流量传感器有光纤涡轮、光纤涡街器、光纤多普勒、光纤干涉型及靶式光纤光栅流量传感器。

2）电力系统应用

电力系统的传感器包括电阻应变式、电容式、电感式、磁电式、压电式、热电式六种。这些传感器或是基于应变效应的导体或半导体材料在外界力的作用下产生机械形变，其电阻值会相应的改变；或是以各种类型的电容器作为敏感元件，将被测量的变化转换为电容量的变化，由转换电路转换为电压、电流或频率。

近年来，电力系统内一些新型的传感器不断涌现。红外热成像检测技术具有非接触、直观、操作方便、安全、单次检测面积大等诸多优点。美国 Fluke 公司发明生产的 Ti20 型便携式热成像仪是一种方便、轻巧的非接触式测量温度的仪器，能够准确、及时地测量距离比较远的辐射读数和热图像。此外，运用 AGEMA570 等型号红外热像仪对变电站和输电线路进行测温，对电气设备进行预知性维护，可以排除大量的安全隐患，有效避免不必要的损失，为工厂的安全运行提供重要保障。

3）无线传感器网络

无线传感器网络（wireless sensor networks，WSN）技术与当今主流无线网络技术使用同一个标准——802.15.14。它是指由大量的廉价微型传感节点组成、通过无线通信方式形成的一个自组织的网络系统，可应用于布线和电源供给困难的区域、人员不能到达的区域和一些临时场合等。WSN 不需要固定网络支持，具有快速展开、抗损坏性强等特点，非常适用于能源互联网系统。

WSN 由三部分组成：节点、网关和软件。传感器节点具有信息采集、处理、控制和通信等功能，对于网络而言，它有兼顾其他节点和路由器的功能。在无线传感器网络中，网关担当网络间的协议转换器，不同网络类型的网络路由器充当全网数据聚集、存储等重要角色，成为网络间连接不可缺少的纽带。传统的 WSN 网关是利用汇聚节点与 PC 机相结合来实现的。利用 PC 机与外部网络连接，将 WSN 的数据进行远距离传输。传感器网络覆盖感知对象区域，每个传感器完成其邻近感知对象的观测，多传感器协同完成感知区域的大观测任务，使用多跳路由算法向用户报告观测结果。

目前大部分已部署的 WSN 仅限于采集温度、湿度、位置、光强、压力、生化等标量数据，而在医疗监护、交通监控、智能家居等实际应用中，需要获取视频、音频、图像等多媒体信息，这就迫切需要一种新的 WSN——无线多媒体传感器网络（wireless multimedia sensor networks，WMSN）。WMSN 是在传统 WSN 的基础上引入视频、音频、图像等多媒体信息感知功能的新型传感器网络。

4）我国传感器市场

我国的传感器行业发端于 20 世纪 90 年代末，经过十多年的引进、消化、吸收，现已形成一定规模的传感器生产能力。据有关部门统计，全国敏感元件与传感器产品生产能力已超过 4 亿只，总产量约 1.5 亿只，总产值约 550 亿元，总销售额 500 亿元左右。近年来国内传感器市场持续快速增长，年均增速超过 20％，目前中国约有 1 600 多家生产制造敏感元件及传感器的企业。

但我国的传感器行业与发达国家相比还有很大差距，主要表现在产品的质量、生产规模、市场开发等多方面。技术水平总体较低，高端产品严重依赖进口，主流市场依赖国外配套的情况尤为突出。目前传感器进口占比 80％，传感器芯片进口占比达 90％。目前我国敏感元件与传感器的科研开发水平落后发达国家 5～10 年，生产技术落后 10～15 年。与国外相比，我国相关企业的产品在品质、工艺水平、生产装备、企业规模、市场占有率和综合竞争能力等方面仍不能与国外同类企业抗衡。美国、日本、欧洲等国家和地区的企业，如德州仪器、飞思卡尔、西门子、英飞凌、霍尼韦尔、艾默生、通用电气等，已经形成了庞大的产品体系，同时推动了世界传感器市场以持续稳定的增长之势向前发展。

4.4.2　能量管理系统产业

能量管理系统是承载信息采集与发布业务系统、业务管理系统、数据库系统等多项关键能源业务的应用系统。智慧能源管控服务是利用为特定行业、企业、家庭开发的能源管理系统，开展智能化用能管理和能效优化服务。随着能源互联网的发展建设,将突显出巨大的市场空间。通过能源计划、能源监控、能源统计、能源消费分析、重点能耗设备管理、能源计量设备管理等多种手段,使企业管理者对企业的能源成本比重、发展趋势有准确的掌握,并将企业的能源消费计划任务分解到各个生产部门,使节能工作责任明确。

能源微网管理系统是微网中对发电、制热、储能、负荷及电力系统、热力系统等进行一体化监控的管理系统,多个能源微网管理系统的互联互通构成了能源微网云平台系统。能源微网管理系统应在以下关键方面取得战略性突破:多电源、多热源的匹配耦合,微网储能系统的充放电控制,负荷的自动化管理,环境、安防与用能的一体化监控系统,能效控制器,能量路由器,终端界面系统。

交通能源管理系统是对车辆燃机、电动机、电池、空调等设备和能耗情况,实行集中监视、管理和分散控制的管理和控制系统,是实现交通节能的硬件系统和软件系统的统称。智能交通能源管理系统应在以下关键方面取得战略性突破:交通终端用能利用效率管理模型,汽油发动机、柴油发动机、电力机车能效管控,柴油机、汽油机的余热利用。

建筑能源管理系统是针对建筑物或者建筑群内的变配电、照明、电梯、空调、供热、给排水等能源使用状况,实行集中监视、管理和分散控制的管理和控制系统,实现建筑能耗在线监测和动态分析功能的硬件系统和软件系统的统称。建筑能源管理系统应在以下关键方面取得战略性突破:建筑结构、给排水、热力、空气调节等标准化、自动化,智能电气、智能燃气、智能消防和防火,智能楼宇自动化控制管理,保温系统,集中抄表系统,小区储能管理系统。近几年国内开发的与公共建筑能耗有关的监测平台至少有一百多种,其中 97％ 是能耗监测平台,而不是能量管理平台。原因是全社会对于建筑节能的认识和技术储备目前只达到能耗数据采集和初步分析的阶段,没有到达建筑能量管理的高度。就建筑能耗监测平台建设而言,全国的发展水平差距也甚大。

目前,已有较多研究机构和企业进行了能量管理系统相关的信息采集、通信架构、数据库及大数据技术、检测管控系统等的研究和设想,以下为一些代表性的成果。

(1) 能源管理系统采用分层分布式系统体系结构,在架构上采用"云计算"体系,通过分布式存储、分布式计算、模块化等技术实现面向服务(SOA)的"私有云"

数据中心平台，将能耗数据、物业操作管理数据、用户交互数据、费用数据、建筑信息、节能过程记录数据等相关数据和信息全部接入该中心平台进行计算和处理，并可以通过灵活的方式将信息分发到 PC 机、大尺寸显示屏、手机等多种形式的终端设备。平台要求通过互联网进行数据的采集上报，以实现数据采集、远程传输、数据运算、数据分析、数据图形化显示、数据发布以及提出解决方案的数据综合处理信息系统。

（2）微电网能量管理平台架构如图 13 所示。集中调度层主要负责微电网内分布式单元的监控、下发分布式单元的运行指令、不可控发电单元和负荷的功率预测、优化运行和实时调度等，集中调度层是整个联供型微电网管理平台的核心。物理层是能量管理平台的底层，包括风力发电单元、光伏发电单元、燃气轮机、燃料电池、辅助锅炉、吸附式制冷机、储能单元（蓄热/蓄电）以及各分布式单元控制器等。物理层负责向能量管理平台提供分布式单元的状态信息，同时接受能量管理平台下发的指令并执行相应的调度控制。集中调度层和物理层之间要求双向通信，上层可以与配网调度中心之间实现信息交互（实时电价、上级调度计划信息等）。

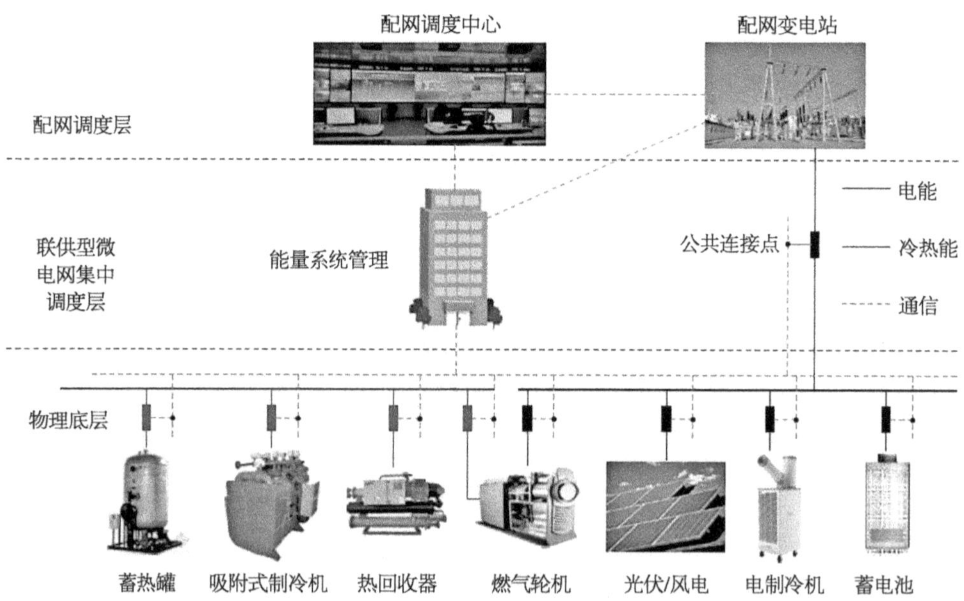

图 13　微电网能量管理平台

（3）能量管理平台的通信机制如图 14 所示。因其监控数据量大、距离远，所以采用光纤、工业以太网、RS485 等有线连接方式，保证数据传输稳定、高效、实时。由于用户侧数据量小，对实时性要求不高，可以采用无线通信网络进行数据传输。各层之间的通信应采用双环自愈连接光缆，具有双对收、发端口的双路双向的自愈型网络，光缆断裂或者某一节点设备发生故障时，其相邻节点主、备通路各自自动环回，保证了信号传输的畅通。控制通信协议采用 IEC 61850 标准。IEC 61850 全面支持信息扩充，具有良好的互操作性，以及能够通过规约转换器（IED）进行多设备协同操作的能力。软件平台信息模型采用 IEC 61970 标准。IEC 61970 能够实现 EMS 的应用软件无缝集成，提高电网调度自动化水平。

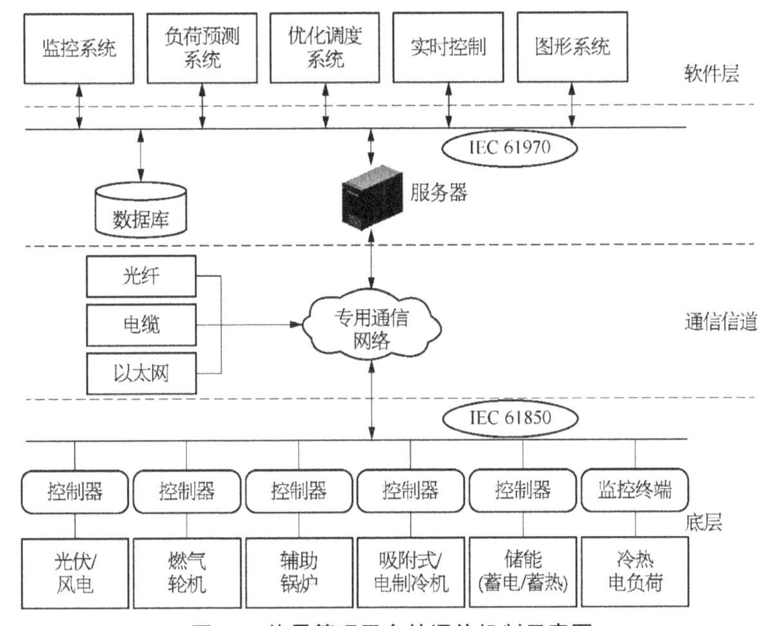

图 14　能量管理平台的通信机制示意图

4.5　区域配售电行业

4.5.1　能量路由器

能量路由器作为能源互联网的关键装备，目前对其概念还主要停留在交流配电网的框架内。

　　1）能量路由器功能划分

　　实现不同特征能源流融合是能量路由器必须具备的功能。一方面，能量路由器必须要保证流入能源的质量满足要求；另一方面，应能够保证能源的合理流动，实现恰当数量的能源流向恰当的负荷；第三方面，能够及时监控能源流的质量，实时调节保证能源安全流动。

　　信息是决定能量路由器控制策略恰当与否的关键，准确性和时效性尤为重要。一方面，要求所有策略的选择都能够受最广泛信息的支持，避免片面信息引起决策失误；另一方面，要求所有信息必须被及时传送，避免过时信息的影响。兼容（或具备）信息通信和信息处理功能是能量路由器有效运行的必然要求，要求各能量路由器不仅能够分享其管理范围内所收集的实时信息，还能够对得到的信息进行处理和利用。信息保障的实现需要能量路由器具有两方面的功能：通信和计算。通信功能要求能量路由器应具有通信接口，能够与通信链路连接实现信息的接收与发送。为保证信息的传输时延、可靠性和安全性，能量路由器可以设置为支持多种通信模式，不仅能够便于在多种情况下保证通信功能的实现，还为通过冗余传输保证通信可靠性提供了基础。

　　支持用户个性化能源使用策略是能源互联网的主要功能之一，其实现基础在于支持用户和能源互联网的交互。一方面，用户可以根据当前的能源供应形势调整自己的能源使用策略，能源互联网根据所有用户能源策略制定能源供应模式满足用户需求；另一方面，能源互联网会搜集不同用户的能源使用数据，从中计算出相应的能源使用规律，制定合理的能源使用策略，作为一个最佳使用策略反馈给用户，供用户选择。因此，能量路由器应具有接收和处理所管理区域内用户请求的能力，并且能够及时准确地用能源价格等反映当前的能源供应形势，将信息反馈给用户，这将涉及交互和需求管理等功能模块。

　　网络运行管理对能源互联网来说同样重要，实时保持网络的可用性、可扩展性、可靠性、可生存性、安全性等是能源互联网追求的目标。能量路由器为实施网络管理提供了天然介质，设置管理功能模块、开发针对性的管理协议对于能源互联网的运营具有重要的意义。从功能角度看，管理功能应包括网络的接入识别、管理策略的远程部署、异常处理和修复以及日志文件的设定与管理等。

风能和光伏等可再生能源多以直流输出，用户侧的负荷也越来越多地采用直流供电。电网和负荷要求能量路由器能够满足不同输入输出的需求，应该更多地兼顾直流电源和直流负荷的供用电需求。在电路拓扑上应该具有更多的兼容性和扩展能力；在控制策略上，应该具有更多的柔韧性和灵活度，能兼顾更多的弹性和稳定控制能力。

2）设备开发进展

北卡罗来纳州立大学 FREEDM System 研究组根据能量路由的概念进行了原型实现，以固态变压器作为能量路由器的核心，通过远程可控的快速智能开关，实现微电网和线路的智能通断，并加上能量管理系统。通信单元采用 Zigbee、Ethernet 和 WLAN 三种模式，实现能量路由器间和内部的数据交互。日本在"3·11"大地震和核泄漏灾难之后，成立了"数字电网联盟"，提倡"数字电网"，其核心即利用"数字电网路由器"（电力路由器）统筹管理和调度一定区域范围内的电力。

国内对能量路由器的设备研制刚刚起步。无锡美凯能源科技有限公司已经研制出单相 20 kW 微电网路由模块和三相 150 kW 微电网路由模块，应用对象为家庭能源管理中心和工业与建筑需求侧管理，支持数据平台、APP 及 PC 端控制和通信模块的统一。作为分布式能量路由系统（含电力配网通信同步系统），创新 AC-bus 交流母线并联技术并网运行，灵活适应负载接入数量和功率大小，无需线路改造，系统故障可隔离，与电网间或微电网内无缝同步，支持黑启动和独立运行；引入负载跟踪储能系统，根据负载的功率来动态匹配相应电力；借助逆功率潮流控制技术（reverse power flow control）实现对电力的双向四象限（正向反向、有功无功）的功率控制与调配，实现能量流在微电网和电网之间的灵活交互（AC－AC），不仅实现有功功率管理，还能够与电网交互无功功率，极大提高多种分布式能源的稳定性和能源系统可靠性。在终端层面，既可以使用户直接参与到能源市场中来，又可以为能源互联网和智能电网提供完整、开放的通信网络，为需求响应、高级配电自动化、资产管理、提高能效及多种能源协调互补奠定基础。未来还将提供 SMG 数据平台的远程运维、合同能源管理等服务。

4.5.2　智能电能表

智能电能表能够作为电力公司与用户户内网络进行通信的网关，使用户可以近于实时地查看其用电信息和从电力公司接收电价信号。当系统处于紧急状态或需求侧响应并得到用户许可时，电能表可以中继电力公司对用户户内电器的负荷控制命令。有的电力公司也计划在配电变压器和中压馈线上安装电能表，与实时数据采集和控制系统相结合，以支持系统监测、故障响应和系统实时运行等功能。

为了适应能源互联网和新能源的使用，智能电能表还具有多种费率计量功能、用户端控制功能、多种数据传输模式的双向数据通信功能、防窃电功能等智能化的功能，更先进的智能电能表代表着未来售电市场最终用户智能化终端的发展方向。

1）功能架构

智能电能表具备抄收智能燃气表、水表等多用途增值服务功能；智能电能表的双向计量功能，具备用于存储双向计量电能独立的存储区间；可对月度电能数据、当日整点数据及特定要求的数据进行快速冻结；用电异常事件记录功能；浮动电价（现阶段即将执行的阶梯电价）快速响应、快速切换、电价的双向实时结算功能；负荷曲线数据的保存和检索；具备对居民家居参数的采集，实现对智能家居电器的有序、合理化和最经济用电管理；就计量误差进行自我修复、自我矫正，确保计量精度在表计生命周期能满足计量精度要求。

智能电能表的功能与性能主要由其微控制单元（MCU）、通信芯片、计量芯片以及嵌入式安全芯片决定。目前，各电能表公司智能电能表的差异主要体现在液晶驱动、实时时钟上。控制管理模块作为智能电能表的核心单元，它的主要作用是整合各个模块、协调合作。芯片的集成度、功耗以及价位均是需要考虑的因素。智能电能表的软件主要由监控程序、键盘扫描程序、显示程序、设定程序、MAXQ3180数据读取程序、量程自动校正与功率补偿程序、数字滤波程序、算法程序、实时时钟程序、分时电价程序、网络通信程序等组成，采用 C＋＋语言编程，并进行模块化设计。

2）市场现状

智能电能表属国家强制检定的用于贸易结算的仪表，由于产品自身特点及用户的普遍性，使得该产品不同于一般性商品。电能仪表行业有如下特点：技术门槛相对较低，上游芯片厂商已有成熟的解决方案；行业产业化、规模化；购买行为单一，垄断性强；行业向着品牌效应、集约经营发展。目前，宁波三星电气股份有限公司、江苏林洋电子有限公司、威胜集团有限公司等企业发展迅速，已经在国内形成品牌优势，并开始集团化经营，向国际化迈进。

国家电网对智能电能表在功能规范、型式规范、技术规范、安全防护规范等方面进行了规范统一，功能上要完全满足智能电能表的要求，型式上进行统一从而便于统一管理、方便安装维护。智能电能表是物联网大规模应用的一个重要场景。据国家电网 2015 年计量工作推进会议的文件，2016 年的计量工作目标包括安装智能电能表 6 060 万只，可见中国智能电能表市场潜力巨大。未来两大电网合计智能电能表和用电管理系统市场每年 160 亿元以上，到 2020 年，国家电网、南方电网将全面建成智能(绿色)电网。目前，国家电网挂网电能表 2.2 亿台、南方电网挂网电能表 5 000 万台，两网新增用户都将更换成智能电能表。

4.5.3　竞争性售电市场

发、输、配、用是电力系统的四大组成部分，其中发电和用电属于竞争部分，而输电和配电属于垄断经营部分。发电业务的竞争是通过对所有用户无歧视开放电网来实现，任何人都可以进入发电市场；用电业务的竞争是通过保证用户的选择权来实现，用户可以自由选择供电商，从而促使供电企业提高服务质量、降低供电价格；输电和配电业务由于需要大规模的网络建设投入，因此具有天然垄断的特点。2015 年 3 月，中共中央、国务院发布了《关于进一步深化电力体制改革的若干意见》，国内新一轮电力改革正式开启。按照"管住中间、放开两头"的新模式，售电方只需要向输电方缴纳过网费，就可以与用电方直接交易，这一市场化的电力交易模式的好处就在于通过零售端引入竞争机制。

未来，售电机构既可以来自于发电企业、电网公司，也可以是独立的民营企业，他们的利润来源可来自批发和零售电量的差价、合同能源管理服务等。有测算显示，专业化的能源服务公司通过用户电力需求侧管理，每度电可获得 2 分钱的利润空间。最终这个领域要出现的公司必须具备以下特点：有完整的全球化团队，以电力为基础为新能源、电动汽车、智能建筑等提供各种嵌入式服务，熟练运用金融手段和消费心理技巧来影响人们的能源消耗，商业模式取自系统最优而并非零和游戏，想方设法在一切物理规则的限制下向人们提供最大的能源供应水平，以及通过在线互动交易给他们带来最大的快感。

1）配售电业务模式

随着电力市场的正式运营，当前电网公司输配售一体化的运营体制将受到挑战，未来电网将有以下三种运营模式。

（1）模式1：保持现有结构，但允许其他电力零售主体参与市场购电，并向电力终端用户提供售电服务。该模式对当前体制和利益的冲击最小，可以在市场化初期采用。在这种模式下，电网公司的资产和角色都没有变化，仍然保持着输配业务的垄断和绝大多数的售电业务。营业收入由于其他电力零售主体的出现而受到一定的挑战。由于电网公司的售电业务与输配业务一体化运营，因此市场竞争不充分，不能完全体现电力体制改革和电力市场的作用。

（2）模式2：输配一体化，仅售电分离。该模式根据电力系统的业务特点，将可竞争的售电业务剥离出来，在售电业务中引入自由竞争，电网公司在输电配电领域保持国家的自然垄断性质。在这种模式下，电网公司的角色转变为输电网络和配电网络的所有者和运营者，保留输电资产和配电资产。其售电业务及相关资产被剥离出去，相应的售电业务收入也将从营业收入中剥离。输配电网的运行与维护是电网公司的主营业务，电网公司的营业收入通过输配电费用获得。由于电网公司从售电业务中完全退出并保持中立，可以保证用电业务竞争的充分性，任何组织和个人都可以通过市场购电并向最终用户售电，实现用户的选择权。此模式符合电力系统发用电竞争及输配电垄断的物理特点，并与电力体制改革的整体方向保持一致。南方电力市场进一步发展后可以采用此种模式营运。

（3）模式3：输配售分离。该模式是在第二种模式的基础上，继续剥离其配电资产，最终实现发、配、供电领域的自由竞争。此模式并不能改变配电网络垄断运行的本质，而配电资产和运营收入从电网公司的剥离，涉及多方的利益调整和重新分配，与目前电网现状有相当距离，需在条件成熟时进一步考虑。

从电力体制改革的总体趋势来说，实行配售分开有利于打破售电市场的垄断，最终形成电力生产、消费两个竞争性市场来实现消费者的选择权。但从现实情况看，我国目前电网结构相对比较薄弱，灵活性较低，电网潮流方向单一，网络瓶颈制约明显，还不能适应完全的竞争性市场。因此配售分开改革需要相对较长的时间，目前可以对输配电、售电业务先实行分开核算，加快放开大用户从发电公司直接购电，逐步摸索积累经验。

在大用户直购电的基础上，引入独立零售商作为独立的售电公司参与到区域电力市场中，他们向市场购电以满足自身用户的需要。在此情况下，独立零售商可通过区域电力市场进行电能量的交易结算，并向输配电公司支付输配电费用。而在电网的运行管理上仍沿用原有的模式，这是因为配电网络和输电网络一样具有天然的垄断地位，新的零售商不可能也没有必要重新铺设配电线路来实现对用户的供电。如果配电网络的运行管理和售电业务集中在一个公司的手里，必然对新的售电公司产生不良影响。

2）配售电服务内容

区域配售电服务公司应承担现有电网公司的全部营销业务，如业扩、电能计量、服务调度、变更、抄核收、合同、结算、需求侧管理、电价管理、用电信息、用电检查、营销稽查、节能服务、低压故障排除、应急响应、清洁能源补贴支付和大数据服务。

电力销售包括电力趸售和自建电源销售。售电公司可以从外部购电，赚取差价，也可自建电源，赚取增值。在售电公司发展之初，电力趸售是主要业务模式，降低外购电成本是售电公司的核心任务。在电价放开之后，如何购得低成本电量、如何利用电价波动降低购电成本将成为售电公司最重要的课题。需求侧响应也是售电公司的盈利来源。结合大数据分析和用户负荷预测技术，积极进行用户负荷管理，自建需求侧响应设备，参与电网系统的调峰和调频，赚取官方补贴或市场化收入。

以电力消费为入口的增值服务具有广阔的空间。用户服务的形式是多样的，有些是为了增加用户黏性，有些是直接赚取了收入。可行的方案有以下四种。

（1）为用户提供个性化套餐，帮助用户节约用电成本，如单身贵族套餐、三口之家套餐、商业综合体用户套餐等。

（2）开发用电管理系统和移动应用，包括个人电费管理、智能家居控制和电动汽车充电等各种应用，除了可以方便地管理自己的电费账单、查阅用电数据和各种价目，同时还可搜寻附近的充电桩、控制家里可远程调控的电器设备、了解最新的电价和能源信息。

（3）帮助用户进行能源管理并获取节能收入。通过智能用电终端和节能管理软件对用户的用电行为进行分析诊断,为用户提供节电设备,提高智能化控制水平,改善用户用能习惯等。

（4）以用电查询管理系统（包括网站、手机 APP、微信公众号）为入口拓展其他业务。如在线购物、衣食住行导购与其他服务商的嵌入、定制化信息服务、家庭分布式电源安装、广告展示与推送等。

3）售电客户端

售电客户端将充分利用互联网、现代化的优势,进行以客户为中心的全方位电力营销,建设不受时间、空间限制的多维营业厅。将来,低压客户可通过微信、手机 APP 等线上渠道申请业扩报装,工单调度后台自动派送任务到相关人员进行现场作业。现场作业人员通过移动作业终端,在客户现场完成信息验证、确定供电方案、签订电子化合同、安装计量装置、通电,实现低压客户"一站式"的办电服务。

售电客户端可以开展基于客户信用的差异化服务。供电企业可与征信机构开展征信信息的共建共享合作,对于信用良好的客户,提供受电设备健康检查、用能指导等延伸服务。对于信用差的客户,采取缩短电费结算周期、电费保全（预收冻结）、预付费控等措施。

家庭可以使用手机 APP 了解自己的能源使用情况,设定每个月的使用标准并在接近目标时给出预警。比如美国 Opower 公司制作的能源使用账单,可以帮助用户了解这个月冰箱用了多少电、手机用了多少电、用电量跟上个月相比超出了多少等,并能在手机上读取专业的节约用电方案。更有意思的是,账单中可生成用户与其邻里之间的用能对比报告,并能提供能效小贴士,所有数据使用图形设计,使账单更容易理解。

成立于 2013 年的德国公司 Endio,为当地售电公司开发面向用户的 APP,建立售电公司与用户的沟通桥梁。据不完全统计,Endios 已经为 8 个大型省级售电公司开发了 APP,功能包括当地新闻、当地交通、每周电价套餐信息、节能小贴士、照片抄表和客服。SGCC 是成立于 2007 年的美国公司,旨在通过用户的电力消费数据来分析用户用电行为,帮助售电公司向用户发送感性的电力账单,通过个人历史比较、邻里比较来激起用户节能的意愿。

4.6　插电式交通产业

4.6.1　电动汽车相关产业

电动汽车大规模普及后，不仅是重要的电力负荷，又可作为移动式储能设施、电力通信融合的终端设施进行布局，是能源互联网的重要基础设施。目前，纯电动汽车可以实现零污染，且控制相对简单，但马力小、续航里程短，一般只适用于低速短距离行驶。混合动力电动汽车（hybrid electric vehicle，HEV）是实现产业化的最主要电动汽车，结合了内燃机和电动机两个驱动力，其电池储能系统可以通过车电互联（vehicle to grid，V2G）技术接入电网，实现电能在插电式混合动力电动汽车（plug in hybrid electric vehicle，PHEV）与电网（一般是配电网馈线末端）之间的双向流动。

电池技术和电动机及其控制技术是 HEV 研究开发的两个重点方向。电动汽车内部的储能系统大部分是锂电池，我国小容量功率型动力锂电池技术和产品与国外相比仍有一定差距，外资电池在国内电池市场占据"主导位置"。目前在几个知名自主品牌中，除了比亚迪股份有限公司（简称比亚迪）自主生产电池、北汽新能源汽车股份有限公司（简称北汽新能源）与韩国合资生产电池外，大部分企业选择采购动力电池生产商供应的电池。未来动力锂电池改进的方向是提高电池的存储容量、增加电池的放电循环次数、提升电池的耐用性这三个方面。另外，与电池寿命和安全性相关的最重要的系统是电池管理系统（battery management system，BMS）。目前国内 BMS 已基本能消除单体以至模块条件下过电压、短路、挤压等情况下的安全隐患，但整包级别的安全性仍没有完全解决，这也是电池技术的瓶颈之一。

目前我国电动汽车电机控制器市场主要由国产品牌占据，外资产品因其价格较高等原因，在市场的培育和初期发展阶段所占份额较小。从国产厂商来看主要分为两类：一类是电动汽车整车企业，其生产的电动汽车电机控制器一般供给其整车产品；另一类是电动汽车零部件企业，其生产的电动汽车电机控制器一般供给特定或非特定的整车企业。随着电动汽车市场的发展，我国电动汽车电机控制器需求量不断上升。2011 年我国电动汽车电机控制器市场规模为 1.57 亿元人民币，2012 年为 2.36 亿元人民币，2013 年为 3.31 亿元人民币，2014 年为 14.60 亿元人民币。

国产自主品牌电动汽车在我国新能源汽车市场上扮演着绝对的主角。2014 年，国产自主品牌比亚迪销量为 15 454 辆，市场份额高达 36%，紧随其后的是奇瑞和众泰，其销量为 8 437 辆和 5 965 辆，市场份额分别为 19% 和 14%。三家自主品牌企业总销量 9 856 辆，占据 69% 的国内新能源汽车市场，明显优于合资品牌。据中国汽车工业协会统计，2016 年的新能源汽车产量达到了 51.7 万辆。

4.6.2　充电桩相关设备产业

目前充电桩分为直流充电桩和交流充电桩，直流充电的功率远大于交流充电的功率。直流充电桩正成为一种趋势，市场空间巨大。根据国外知名研究行业网站 ReportsnReports 发布的信息，2014—2016 年，中国电动汽车直流充电桩投资占总电动汽车充电桩投资的比重分别为 15%、20% 和 30%，因此直流充电桩市场空间分别为 3 亿元、6 亿元和 18 亿元，年复合增速 145%。

无线充电是未来充电桩发展的方向之一。与传统充电站、充电桩相比，无线充电主要有以下特点：充电设施布置灵活；无需插入式电缆即可实现高速无线充电，不仅免去了传统充电桩接线所需要的停车和等待时间，而且大大降低了用户的固定位置充电时间，提高了电动汽车的使用率。

根据国家新能源汽车推广规划，2016—2020 年，国家电网建设充电站目标达 10 000 座，与此同时，大中城市的市内配套设施也在不断被完善。根据国家 2016～2020 年新能源汽车规划，到 2020 年，电动汽车充电站将从现在的 593 座增长到 1.2 万座，是现在规模的 20 倍；分散式充电桩到 2020 年将达 450 万个，是现在规模的 100 倍，届时全国充电市场将达到 1 000 亿元的规模。

国内主要的充电桩企业有国电南瑞科技、许继集团、易事特集团股份有限公司、国电南自、青岛特锐德电气股份有限公司（简称特锐德）等。以特锐德为例，该公司率先推出了柔性智能充电系统，通过主动防护来增加安全策略，使电池寿命得以延长。此外，该公司也在开发云平台系统、结合电器设备层、智能充电层来实现三层体系。其云平台将提供海量数据处理、大数据分析挖掘功能，并可实现卖车、租车、修车及金融支付、政府监控等多个应用平台。此平台会提供开发接口，将云平台数据服务对接到第三方公众平台上。该公司希望融合充电网、车联网和互联网，形成自己的新能源充电特色。

电动汽车行业的跨圈发展趋势明显。宝马、乐视等企业也相继发布了充电战略。其中，宝马新能源汽车通过 BMW 车载互联驾驶系统、"BMW 远程控制"APP 等获得智能、高效、便捷的公共充电服务。乐视将通过数千万战略投资与北京电桩科技有限公司共同打造新能源电动汽车充电、分时租赁产业生态链。

4.7　智能家居与低碳社区

4.7.1　智能家居

1）功能与服务

智能家居是以住宅为平台，兼备建筑设备、网络通信、信息家电和设备自动化，集系统、结构、服务、管理为一体的高效、舒适、安全、便利、环保的居住环境。智能家居利用先进的计算机技术、网络通信技术和综合布线技术，将与家居生活有关的各种子系统有机地结合在一起，通过统筹管理优化人们的生活方式，帮助人们有效地安排时间。由于通信与信息技术的发展，出现了通过总线技术对住宅中各种通信、家电、安防设备进行监控与管理的商用系统，这在美国被称为 Smart Home，也就是现在智能家居的原型。与普通家居相比，智能家居不仅具有传统的居住功能，还能由原来的被动静止转变为具有能动智慧的功能。它能提供全方位的信息交换，帮助家庭与外部保持信息交流畅通，优化人们的生活方式，增强家居生活的安全性，甚至能节约各种能源费用。

智能家居的发展大致经历了四代。第一代主要是基于同轴线、两芯线进行家庭组网，实现灯光、窗帘控制和少量安防等功能。第二代主要基于 RS－485 线、部分基于 IP 技术进行组网，实现可视对讲、安防等功能。第三代实现了家庭智能控制的集中化，控制主机产生，业务包括安防、控制、计量等业务。第四代基于全 IP

技术,末端设备基于 Zigbee 等技术,智能家居业务提供采用"云"技术,并可根据用户需求实现定制化、个性化。目前智能家居大多属于第三代产品,而美国已经对第四代智能家居进行了初步的探索,并已有相应产品。

物联网的发展也为智能家居引入了新的概念及发展空间,智能家居可以被看作是物联网的一种重要应用。基于物联网的智能家居,表现为利用信息传感设备(同居住环境中的各种物品松耦合或紧耦合)将家居生活有关的各种子系统有机地结合在一起,并与互联网连接起来,进行监控、管理信息交换和通信,实现家居智能化,其组成包括智能家居(中央)控制管理系统、终端(家居传感器终端、控制器)、家庭网络、外联网络、信息中心等。

智能家居系统包括智能主机、设备节点、通信技术和软件应用等部分。在这个系统中,智能主机是大脑和中枢,负责对设备节点的统一调度和管理;设备节点对应基本要素,是整个系统的最终执行点,完成对和谐家居环境的塑造;通信技术是信息通道,负责设备节点的串联和信息交换;软件应用是管理平台,实现系统功能的触发和设备节点的可视化管控。其中,智能家居系统有以下几个特征:家庭中具备完善的、安全的保安防灾措施和生活服务的智能控制器,家庭与小区及社会具有高度的交互能力和沟通能力,家庭内部具备完善的安保措施、全面的设施监控管理和信息化的服务管理,为家庭提供多媒体信息服务,提供了一体化式、综合的服务。

智能家居的目的是将家庭中各种与信息相关的通信设备、家用电器和家庭安防装置通过家庭总线技术(HBS)连接到一个家庭智能化系统上,进行集中或者异地的监视、控制和家庭事务性管理,并保持这些家庭设施与住宅环境的协调。一套成熟的智能家居系统提供的主要功能有如下几点:

(1) 家庭联网功能。通过智能家居控制器的集线器(HUB)功能,可接入计算机组建家庭局域网,并可同时使用一个账号上宽带网,节省费用。

(2) 短信收发功能。通过液晶控制面板可以显示接收网络短消息,也可通过手机接收智能家居控制器发送的状态信息,并向其发送各种控制指令。

(3) 防盗报警功能。通过接入各种红外探头、门磁开关,并可根据需要随时布防撤防,相当于安装了电子保笼、电子窗和电子防盗门,可以快速探知并警告闯入的不法分子,保卫人们的生命和财产安全。

（4）防灾报警功能。通过接入烟雾探头、瓦斯探头和水浸探头，全天候 24 小时监控可能发生的火灾、煤气泄漏和溢水漏水，并可在发生报警时联动关闭气阀、水阀，为家庭构建坚实的安全屏障。

（5）求助报警功能。通过智能家居控制器的求助功能，接入各种求助按钮，使得家中的人能及时求救。

（6）场景控制功能。通过无线遥控器或液晶控制面板，可快速启动各种灯光场景，还可以利用家庭控制软件设计属于自己的灯光场景和名字，并下载给智能家居控制器。

（7）定时控制功能。通过无线遥控器或液晶控制面板操作，设计家电的定时启停计划，如利用夜间电费比白天便宜的情况，实施热水器定时开启的设备运行计划，达到节约电费的目的。

（8）远程控制功能。利用电话或手机可在办公室或其他地点远程控制家庭电器开关及布撤防等。

（9）联动控制功能。可以方便设计各种联动控制方案，如盗警时，联动开启家庭所有灯光；煤气泄漏时，联动打开排风扇；回到家时，联动开启门厅灯光等。所有的联动控制均可以通过液晶控制面板操作启动。

2）应用与发展

国内的智能家居企业已经对相关产品进行了广泛深入的开发工作。例如，智能手机巨头小米公司通过与地产商合作开发的方式，进入了智能家居领域。该公司推出的小米智能家居套装包括多功能网关、小米人体传感器、小米门窗传感器、小米无线开关等核心组件以及其他配件。作为小米智能家庭套装的核心，多功能网关不仅仅是单纯的控制中心，还能起到夜灯和警示（声音＋色彩）的功能。而其他传感器和无线开关，则起到探测和感知作用。

中国的智能家居行业发展目前存在诸多问题亟待解决，主要体现在以下方面：行业标准不够规范，产品整体设计水平不高，跨行业壁垒较多，生产维护成本较高，功能实用性有待加强。未来，智能家居行业将逐渐克服这些问题，向网络化、人性化、环保化、一体化、规范化及低廉化发展。这也意味着智能家居的发展方向将与能源互联网开放的精神和推动能源可再生、清洁化的目标不谋而合。能源互联网的发展，也将带动智能家居的进步，而物联网将成为能源互联网与智能家居之间的桥梁。

4.7.2　低碳社区

低碳社区就是以低碳经济为模式、可持续发展为居民的价值观念和生活方式、低碳甚至零碳排放为发展目标的社区。它是低碳城市的基本组成，更是低碳经济的基础。国际气候组织（The Climate Group）给低碳城市下的定义是：在城市内推行低碳经济，实现城市的低碳排放，甚至是零碳排放。一般认为低碳城市是以城市空间为载体发展低碳经济，实施绿色交通和建筑，转变居民消费观念，创新低碳技术，从而达到最大限度地减少温室气体的排放。

低碳社区在全球范围内还处于起步阶段，成熟的运营项目还比较少，具有代表性的成熟项目有英国的贝丁顿零碳社区和德国的弗莱堡沃邦社区。

贝丁顿零碳社区通过建材回收实现了建筑减排，并通过完善的雨水、污水收集处理系统做到了节水。当然，贝丁顿社区的最大特色在于对新能源的运用。社区通过以风为动力的通风管道风帽实现了建筑换气和降低热损失。同时，社区运用了以废弃木材为原料的热电联产系统。废弃木材经过特殊处理，被分解为氢气、一氧化碳和甲烷等可燃气体，从而为居民提供电力和热水。而木材来源于居民自己种植的速生林，森林在成长过程中已经吸收了大气中的二氧化碳，因此这一套热电联产系统本身并未产生额外的碳排放。此外，社区通过合理布局社区内的工作场所和商业网点，减少了居民开车出行的需求；而车用光伏充电站的设置，也对电动汽车起到了激励作用。

德国沃邦社区所处的弗莱堡市年平均日照时数超过 1 800 h，沃邦社区因地制宜地将太阳能产业作为自己的主打，发展专业的太阳能应用中心。社区的光伏系统既可以独立为社区供电，也可以与城市主干网对接。当两者并网运行时，政府实行用电、发电"双电能表"计价，即以高于火电的单价回购居民建筑所发的"绿电"，让居民在自发自用之外，还能并网赚钱。沃邦太阳能住宅区的建成和成功运作，表明让能耗建筑变成产能建筑、让住宅社区变身"绿电"发电厂是可行的。此外，沃邦社区还通过先进的垃圾回收处理系统、高效的供暖系统、严格的汽车管控和推动居民共同参与决策的沃邦可持续模式，进一步推动了低碳社区的发展。

国家发改委于 2015 年 2 月印发《低碳社区试点建设指南》（以下简称《指南》），

明确将在城市新建社区、城市既有社区、农村社区开展试点，探索形成符合实际、各具特色的低碳社区建设模式。《指南》明确提出在"十二五"末，全国开展的低碳社区试点争取达到 1 000 个左右，到了"十三五"时期，各地择优建设一批国家级低碳示范社区。按照《指南》的要求，建筑的节能改造、交通基础设施建设和能源基础设施建设将成为未来低碳社区建设的重要方面。各地将在参照对碳排放量、空间布局、绿色建筑、交通系统、能源系统、废弃物回收以及绿化等约束性指标推荐值的前提下，结合自身实际确定各项指标的目标值，并且适当增加有地域特色的标准。目前，无锡、常州、宁波、杭州、合肥、青岛、银川等地，已经按照《指南》的引导，开展本地的低碳社区建设。未来，全国也将有更多城市参与低碳社区的建设。

4.8　咨询服务业

4.8.1　大数据服务

1）中国能源数据服务现状

我国能源数据统计目前普遍存在的问题是统计数据失真、指标不完整、指标不统一、缺乏科学性和综合性，还没有形成完整的工业能源消费统计指标体系。

（1）能源统计体系弱化。统计部门简化了能源消费的统计指标，削减了能源统计人员，削弱了与节能密切相关的统计、计量、公布制度，造成能源消费统计资料缺乏、失真和滞后。

（2）统计功能与目前的要求不相适应。目前国家、地方、企业等各级系统所具有的能源统计功能，仅仅是反映能源的综合平衡，即能源资源与使用的平衡，不具备反映和监测能源动态供需、能源市场运行状况的功能。目前企业能源统计不具备反映能源利用效益的功能。反映能源利用效益方面的指标主要是与经济产出相关的能源消耗强度指标，如万元总产出能源消耗、万元 GDP 能源消耗等，过去企业的能源平衡表中没有此项指标。

（3）统计范围和内容可比性差。目前企业的能源消费统计分析还没有形成一套较为完整的、科学的指标体系。

我国现有的能源数据采集方式存在严重的不足，比较普遍的问题有：不能对大型设备、关键环节的能耗进行在线监测；由于无法联网的原因，无法实现数据共享，使数据采集与监测分析受到严重的影响，导致不能及时把握能源消耗状况。

2）面向社会的能源大数据服务

基于用电信息采集系统与营销系统积累的用户电量数据，可利用用户历史电量数据，分行业、分区域、分电价类别，多维度开展用电情况与经济发展指标关联关系分析，结合用电量增长与经济增长数据，分析电力与经济运行的均衡关系，为政府把握工业运行情况和宏观经济调控提供决策依据。

通过分析行业用电数据及行业的参考单位 GDP 能耗，可分析出用户的节能减排潜力，进而汇总成地域的节能减排潜力。通过对电力大客户细分，研究其行为特征，确立客户精细化指标体系，建立电力大客户综合价值评价体系，并通过策略配置，提供不同的专业化服务。扩展用电采集的范围和频次，通过应用有序用电方案编制辅助决策分析，开展用电行为特征深入分析，实施区别化的用户管理策略。

整合居民用电信息、电动汽车充电桩信息、新能源和分布式能源信息以及地理、区域二氧化碳排放信息，通过分类、聚类、关联等数据挖掘方法，将分析结果同时在地图上显示，形成全方位电力地图。通过地图反映不同地区经济状况、各群体行为习惯、城市道路以及电动汽车充电桩分布和利用信息，优化交通设施和公共设施使用频率。

3）规划运行服务

大数据是电网智能运行控制的基础。加强协同管理，整合电力行业生产、运营、销售、管理的数据，实现电力发电、输电、变电、配电、用电、调度全环节数据共享，以用电需求预测为驱动优化资源配置，协调电力生产、运维、销售的管理。依托于大数据技术强大的数据分析与模型预测能力，构建用电负荷大数据分析模型，通过全数据集、全维度的运算、分析，准确地掌握用电负荷分布和变化规律，提高负荷预测的准确率。

通过将体量更大、类型更多的配用电大数据作为分析样本，可以实现有效的配电网运行状态水平评估及风险评估，开发配电网风险预警模块，为配电网运行调度提供依据,提升决策的准确性和有效性。基于大数据技术的配电网运行状态评估可包括:对配电网进行安全性评价,对配电网的供电能力进行评价,对配电网可靠性和供电质量进行评价,对配电网经济性进行评价。

基于负荷的监测数据、用户档案等数据,通过计算风险指标预测风险,根据风险类型辨识结果生成相应的预防控制方案。依据对多源异构的数据分析,将风险准确定位到局部,进一步对全网或局部电网的风险状况进行集中判断、定位以及预防控制。

电力大数据下的能源生态系统将为能源企业及相关产业提供一个数据采集、整理、分析、应用、共享、交易等为一体的平台,为参与方提供咨询、节能环保、产品研发、管理支撑等服务,为消费者提供节能降费服务及相关产品。可应用领域包括智慧城市、智能电网、新能源、智能家居、移动终端等一系列相关产业。

4）面向电站的大数据服务

新能源开发利用及电站建设和管理,均涉及气象、水文、地质等各个方面的历史和实时数据。作为决策支撑,分布式模式的效果和当地负荷规模、性质、习惯、发展规划等相关,这些均需要大量的数据存储和分析。利用机器学习、模式识别等多维分析预测技术,分析新能源出力与风速、光照、温度等气象因素的关联关系,更准确地对新能源发电能力进行预测和管理。

丹麦风电公司 Vestas 计划将全球天气系统数据与公司发电机数据结合,利用气温、气压、空气湿度、空气沉淀物、风向、风速等数据以及公司历史数据,通过使用超级计算机及大数据模型解决方案,来支持其风力发电机的选址。在电站运维方面,新能源电站的数据中心正向着远程监控、大数据分析、集成控制、图形化展示的方向发展。监控中心通过强大的后台数据库服务器提供海量的数据存储,通过完备的灾难恢复策略保障数据不丢失,通过数据检索、数据写入分离设计有效提高数据库访问速度。

5）用户用电服务

用户用电行为分析主要是基于用户的用电数据,结合用户信息、地理信息、区域属性等数据,并考虑气象、经济、电价政策等多方面因素,利用分类和聚类方法,对用户类型进行细分,建立不同区域、不同行业、不同类别用户的典型负荷模型库,分析各类影响因素与用户用电行为之间的关联关系及其影响机理,为需求侧管理、节能、定制服务等提供支撑。

在实现营配数据一体化基础上，明确各配电台区与用户之间的隶属关系，定期向受到计划停电影响的用户推送停电时间、停电时长等信息。当电网发生故障时，利用配电自动化信息结合电网拓扑，及时定位受到故障影响的用户，告知其停电原因、预计恢复供电时间等信息，同时利用用户反馈信息指导抢修工作。结合电网GIS，对抢修进展情况进行实时展示，帮助用户时刻掌握自身停电状况。利用可视化技术，通过动态网络模型将数据拓扑于地理信息系统。

为实现能源的合理利用，达到节能减排的目标，一家化工企业决定实施"各车间能源数据采集管理系统"。这家企业各生产车间原先都各自装有"分布式控制系统（DCS）"，用于生产过程控制，车间能源消耗数据也存在于DCS中，实现各车间能源数据的自动采集。形成工厂级的能源管理系统，同时保障DCS的信息安全，有两种实施方案。一是把各车间DCS作为能源数据管理系统的数据采集站，每个数据采集站通过OPC协议单向向PIMS服务器传送数据，PIMS服务器对传送上来的数据进行二次处理，制作成用户需要的能源界面、形成报表以及实现设备管理等功能，经硬件防火墙隔离将能源管理界面、数据以Web形式向局域网络发布。二是将能源数据采集系统完全独立于DCS，能源数据采集系统由EPA现场总线标准产品实现。

建设基于电信运营商物联网结合云计算技术的能源管理系统非常必要，以从机房/基站数据中获得能够真正反映设备运行状况的有效信息，利用在线能耗数据挖掘分析结果，辅助实现依据用能设备的负荷变化来动态优化用能设备的配电，大幅度减少电能消耗并为优化能源管理的决策提供科学支持。构建平台主要依托数据感知采集和物联网智能网关技术，包含数据感知采集，采集数据的来源包括通信机房和通信基站两大类用能场所，具体为列头柜、机柜、空调、照明、办公插座等设备的能耗，还可以通过IPMI接口采集服务器设备的功率、温度、CPU使用率、内存使用率、风扇工作参数等服务器状态数据。采集主要是依靠传感器等先进的仪表仪器设备进行，并通过现代先进的通信技术对能源数据进行处理，采用智能网关设备实现同时向多区域能管中心、省能管中心、国家能管中心同时分发报送数据，支持多种工业协议的接入、智能仪表的接入、采集数据的转换及控制管理。

6）支撑大数据服务的云计算市场

云计算可应用于分布式发电和微电网的运行分析。基于电站的监控数据,云计算可实现发电量统计分析、辐照度统计、功率发电量预测、电站效率、损耗分析、设备性能分析等。基于微电网的电源、负荷、储能等设备运行参数和能量供需关系,云计算提供设备启动、卸载、运维等工况决策和出力、分配等运行决策。在电力系统运行方式和规划方案研究中,技术人员需要借助潮流计算比较运行方式,或规划供电方案的可行性、可靠性和经济性。通过加工电网模型和运行数据,云计算为电网规划、调度提供快速可靠的分析支持。应用云计算技术,可为输变电设备评估提供分布式数据存储和计算服务,扩展数据存储空间,提升数据处理和计算性能。电网调度可以通过云计算提供统一访问服务接口,实现数据搜索、获取、计算等。配网管理涉及电网空间分布和设备运行状态变化等复杂问题,地理空间信息和电力生产信息相互集成的综合应用系统是支持智能化配网管理的基本手段,云计算技术能很好地解决由此带来的复杂数据分析难点及性能瓶颈。电网数据中心应用云计算模式,将显著提高设备利用率,降低数据处理中心能耗,扭转服务器资源利用率偏低与信息壁垒问题,全面提升智能电网环境下海量数据处理的效能、效率和效益。

云计算行业在我国尚处于市场导入阶段,但其发展的速度及影响力惊人。2010 年,我国云计算市场规模达 167.3 亿元,较 2009 年增长 81.4%。2013 年,我国云计算市场规模达 606.8 亿元;2014 年,我国云计算市场规模达 1 174.1 亿元。云计算可分为公有云市场和私有云市场两块,就公有云市场来说,2015 年一季度同比增长 25.5%,市场规模达到 39 亿美元;私有云市场,2015 年一季度同比增长 24.4%,市场规模达到了 24 亿美元。在三种主要 IT 技术设施之中,服务器的增长最为强劲,其在公有云市场和私有云市场的同比增长分别达到了 28% 和 33%。

4.8.2　能源微网咨询服务

能源微网咨询服务主要内容是区域能源规划和能源微网规划,两者有区域范围和功能的区别,在能源微网设计层面互为支撑。

1）区域能源规划服务

区域能源规划倡导提高能源效率,考虑系统节能以及能源微网控制等区域内的整体节能,对单项能源利用、用能方式、用能端节能措施以及环境污染物排放等均需考虑。区域能源规划不是独立存在的,而是与社会发展规划及能源微网规划相互关联、相互促进的。目前,区域能源规划还没有实现与城市政策、城市总体规划等有机结合。结合我国能源供应需求与分布不平衡的特点,各地应在充分考虑城市自然条件和资源环境承载力的基础上,科学配置,合理布局,以整体的、系统的观点来规划城市、村镇等区域能源体系。

能源规划的编制应立足当地能源、资源现状,以历史用能为基础,结合当地发展战略,以提高能源利用效率为目标,制定平衡的能源供需策略,优化能源供应结构,落实能源保障措施,并制定科学的评价方法,满足当地可持续发展的要求。能源规划内容体现在如下几点:

(1) 能源需求及预测管理,包括能源需求的预测及能源需求侧的管理,分解为能源微网需求及预测管理。

(2) 能源供应预测及保障,包括能源供应在数量上的保证和质量上对环境保护的要求,分解为能源微网预测及保障管理。

(3) 能源平衡与优化。能源平衡包括供求平衡和部门间的平衡。供求平衡不仅是总供给和总需求之间的平衡,还包括品种、地区、时间三方面的平衡。能源优化包括研究能源需求和能源供应的优化,最终达到能源供需平衡。能源微网为此平衡和优化过程提供新型的双向能量流动支持。

随着能源互联网发展和能源微网建设,必须建立能源规划的系列标准规范。

(1) 通过建立能源规划指标体系,明确能源规划评价内容,继而实施能源规划,对能源需求的管理、能源供应的保障、环境可持续发展状态进行评估,为管理决策提供依据。

(2) 通过定量规划区域能源供需的未来,实质上揭示该地区资源、人口和环境系统存在的主要问题,并分析矛盾和问题产生的原因,及时提供给管理部门,以便采取对策,促进区域可持续发展。能源规划的目的在于发现问题,为替代方案的确定和调整提供参考,保证区域可持续发展水平达到理想状态。

(3) 利用指标体系引导规划实施区域贯彻可持续发展的思想,督促、引导完成经济、资源与环境的可持续发展目标。能源规划指标还可用于指导规划实施区域更好地了解能源供需平衡的内涵和要求，以便其在日常工作中调整自身行为，以调控相应指标的状态，促进可持续发展目标的实现。

（4）通过定量预测和分析进行本地区可持续发展趋势的分析，为区域经济发展规划、环境保护规划和资源利用规划的制定提供参考。能源规则指标体系具体内容包括能源总量、能源效率、能源结构和环境保护，如图 15 所示。

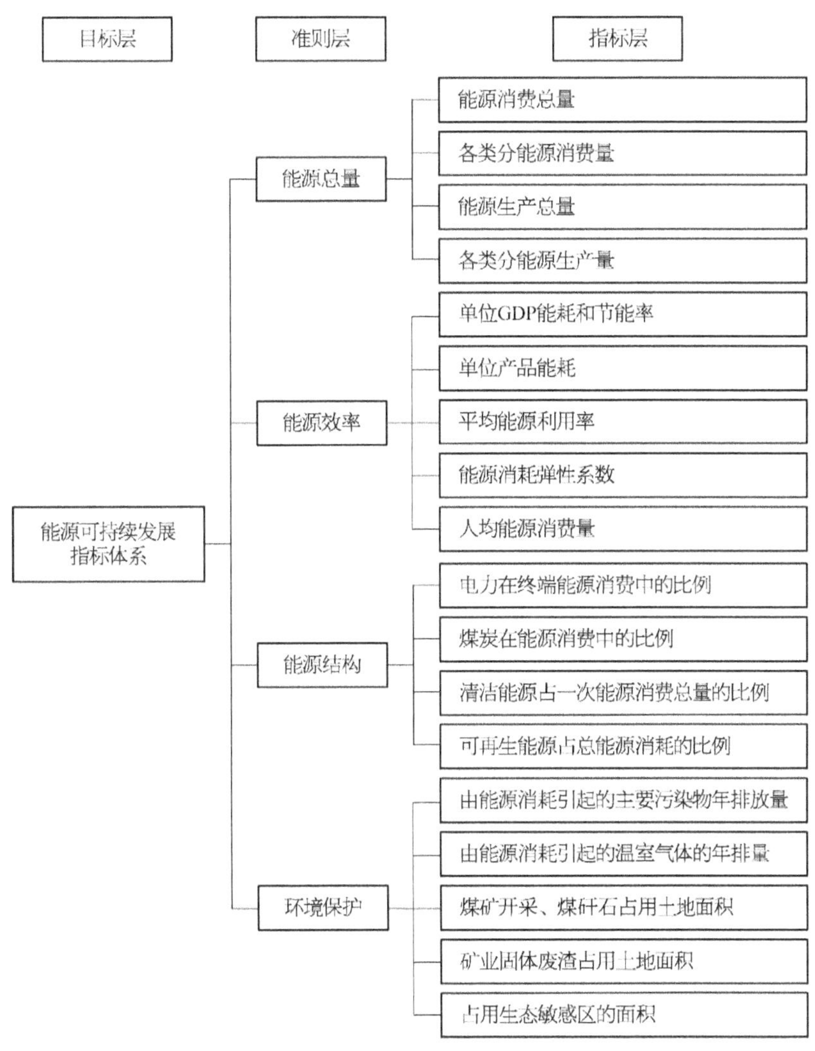

图 15　能源规划指标体系

2）能源微网项目咨询与方案设计

能源微网规划和方案设计是为了解决区域内传统化石能源高碳排放、可再生能源间断性和能源密度低以及单一能源系统不稳定、不连续等问题，充分利用多种可再生能源和高品位清洁能源的组合优势，实现新能源的多能互补耦合和智能化调度利用，满足不同功能区域的能源需求。按照分布式能源利用目的和发电并网特点，可将能源微网分为设施多能用电系统、多能互补电站系统、区域多能并网系统、区域多能独立系统四种形式。能源微网的建设目标，就是在条件适合的地区，必须因地制宜地建设某一种形式的能源微网。

（1）设施多能用电系统，适用于联网供电不便、供电质量要求一般的电力负荷设施或特殊行业设施。通过建设多种新能源发电及耦合管控系统，实现新能源发电的直接利用，如绿色数据中心、风光储通信基站、风光互补路灯、风光互补水泵。在沿海地区建立风电非并网海水淡化系统、风电非并网制氢系统，在偏远矿区建立风水非并网冶炼系统也属于这种形式。

（2）多能互补电站系统，适用于可再生能源资源丰富、能够形成时空互补电源、就地负荷不大的地区。通过建立电力互补系统将多种形式的间歇性发电联通起来，辅以大规模储能系统或抽水蓄能电站，形成一个能够平稳输出的电站，从而实现新能源发电的稳定输出。多能互补电站系统一般在 35 kV 以上直接接入输电网，可上而不可下。如风光水电站、风光-抽水蓄能电站、风光-燃气轮机辅助电站，适合在三江中上游流域、青海、西藏、西南山区等地建设；风光-海洋能互补电站适合在沿海地区建设。

（3）区域多能并网系统，适用于清洁能源丰富、就地消纳较大、并网条件良好的地区。通过建立电力互补系统、热力互补系统、燃气互补系统以及储能互补系统，将多种形式的能源以互补耦合、品位对接的原则，系统、高效地转化、存储、配售给各个负荷，实现新能源最大限度的开发利用。区域多能并网系统是能源微网的主体形式，是对微电网、热力网、燃气网和分布式储能的系统建设，一般通过微电网在 35 kV 以下接入配电网，实现电力的自由上下。区域多能并网系统的区域规划半径在 10 km 左右，分布式发电总容量 20～100 MW。天然气配用系统要能够接纳沼气、垃圾填埋气等多类型燃气，支撑区域用气的智能化调控。

（4）区域多能独立系统，适用于清洁能源丰富、就地消纳较大、并网条件不足的地区。相对于区域多能并网系统,区域多能独立系统的微电网没有接入配电网,因此设计和运营的难度增大。必须通过配置更为强大的储能调峰系统和非并网负荷,实现新能源的稳定利用。区域多能独立系统适合海岛和偏远地区。

进行能源微网项目建设时,应以因地制宜的建设能源微网为出发点,结合区域内新能源资源、天然气和电力资源、热电冷需求的特点,进行区域能源中长期规划。基于区域能源规划,进行满足区域用能、区域新能源综合开发、多能互补高效利用的能源微网系统设计,以及能源微网项目和子项目(光伏、风电、沼气、燃气三联供、地水源热泵等)建设的组织实施。

进行能源微网项目建设时,应注意以下几点:业主产权明确、关系简单,基础设施完备、建设容易,项目运维方便、实现盈利。在了解项目的建设目标情况下,综合考虑建设周期、技术难度和项目经济性,分析项目的选址。选址地点应该是已建成或基本建成的产业园区或公共建筑集中区。产业园区可以是旅游、养生、观光农业等生态园区,农副加工业、制造业等工业园区,或综合性园区;公共建筑集中区指的是酒店、医院、办公楼、商场、学校等公共建筑形成集群、间距较小的集中区域。

参考文献

[1] 李慧. 四阶段实现互联网繁荣发展. 中国能源报, 2015 - 11 - 23. http://paper. people. com. cn/zgnyb/html/2015-11/23/content_1635808. htm.

[2] 中国能源报. 售电和配电市场竞争性变革——需求侧管理成业务增长支柱. 国际电力网, 2015 - 11 - 26. http://power. in-en. com/html/power-2247963. shtml.

[3] 清华大学热能工程系动力机械与工程研究所, 深圳南山热. 燃气轮机与燃气——蒸汽联合循环装置(上下). 北京:中国电力出版社, 2007.

[4] 中国燃气网. 中国燃气轮机突破技术难点迎接市场新曙光. 2014 - 12 - 13. http://www. msny. cc/%E6%96%B0%E9%97%BB%E8%B5%84%E8%AE%AF/%E8%A1%8C%E4%B8%9A%E5%8A%A8%E6%80%81/tabid/70/articleType/ArticleView/articleId/1060/language/zh-CN/Default. aspx.

[5] Prabir Basu. 生物质气化与热解:实用设计与理论. 北京:科学出版社, 2011.

[6] 张婷婷, 张新燕, 何山, 等. 风力发电机技术的发展趋势及新动态. 电机技术, 2014(4):13—16.

[7] 广州诺普. 中国热泵市场状况. 2012 - 11 - 01. http://www. gznuopu. com/news/2012-11-1/126. html.

[8] 马最良, 吕悦. 地源热泵系统设计与应用. 北京:机械工业出版社, 2007.

［9］ 江时强,吴植. 我国正自主研发单机容量 100 万千瓦水轮机组. 经济参考报,2009 - 07 - 14. http://jjckb. xinhuanet. com/cjxw/2009-07/14/content_169245. htm.

［10］ 新华网. 我国规划建设三个海洋能海上试验场. 2015 - 05 - 28. http://news. xinhuanet. com/2015-05/28/c_1115439963. htm.

［11］ 人民网. 未来电网的发展趋势. 2013 - 10 - 14. http://scitech. people. com. cn/n/2013/1014/c1007-23190754. html.

［12］ 欧阳春香. 新增特高压电网投资 4 500 亿元设备龙头股受益. 2015 - 05 - 14. http://finance. ifeng. com/a/20150514/13704729_0. shtml.

［13］ 余耀,孙华,许俊斌,等. 压缩空气储能技术综述. 装备机械,2013(1).

［14］ 傅玥雯. 抽蓄大发展,人才咋跟上. 中国能源报,2015 - 03 - 23. http://paper. people. com. cn/zgnyb/html/2015-03/23/content_1546827. htm.

［15］ Frank S. Barnes, Jonah G. Levine. 大规模储能技术. 肖曦,聂赞相,等,译. 北京：机械工业出版社,2013.

［16］ 陈海生,刘金超,郭欢,等. 压缩空气储能技术原理. 储能科学与技术,2013(3).

［17］ 中国储能网新闻中心. 国内飞轮储能技术的发展现状. 2012 - 08 - 17. http://www. escn. com. cn/news/show-29628. html.

［18］ 许守平,李相俊,惠东. 大规模储能系统发展现状及示范应用综述. 电网与清洁能源,2013,29(8)：94—100.

［19］ 杜蕾佶. 浅谈超级电容器在电力系统中的应用. 2015 - 5 - 23. http://www. docin. com/p-1158057354. html.

［20］ 余丽丽,朱俊杰,赵景泰. 超级电容器的现状及发展趋势. 自然杂志,2015,37(3)：188—196.

［21］ 中国储能网新闻中心. 铅碳电池发展潜力巨大. 2014 - 09 - 04. http://www. escn. com. cn/news/show-174327. html.

［22］ 伞海生,宋子军,王翔,等. 适用于恶劣环境的 MEMS 压阻式压力传感器. 光学精密工程,2012,20(3)：550—555.

［23］ 周路菡. 智能传感器：物联网发展瓶颈待破. 新经济导刊,2015(3)：60—65.

［24］ 葛运建,张建军,戈瑜,等. 无所不在的传感与机器人感知. 自动化学报,2002,28(增刊)：125—133.

［25］ 赵哲身. 建筑能耗监测平台建设发展到能量管理平台是必然趋势. 智能建筑,2014(6)：27—28.

［26］ 王志贺,刘元园,唐沂媛,等. 冷热电联供型微电网能量管理平台设计. 电工电气,2014(11)：52—58.

［27］ 曹军威,孟坤,王继业,等. 能源互联网与能源路由器. 中国科学：信息科学,2014,44(6)：714—727.

［28］ 中商情报. 我国 2015 年智能电网发展现状分析. 2015 - 08 - 18. http://power. in-en. com/html/power-2243291. shtml.

［29］ 张森林,孙延明. 电力体制改革和电力市场对南方电网影响分析. 广东电力,2012,25(11)：

1—5

［30］北极星输配电网.售电公司盈利模式探讨.2015 - 08 - 28. http：//news. bjx. com. cn/html/20150828/657686-6. shtml.

［31］肖世杰.构建"互联网＋电力营销"智能用电互动服务体系.2015 - 09 - 28. http：//www. indaa. com. cn/pl2011/zxpl/201509/t20150928_1620867. html.

［32］亚坦新能.从现在开始学会管理你的能源.2016 - 07 - 04. http：//www. cnenergy. org/yw/nyhlw/201607/t20160704_328805. html.

［33］徐福金.电动汽车技术新进展探析.硅谷,2015(2)：3—4.

［34］盖世汽车网.电动汽车动力电池发展现状与趋势解析. 2015 - 04 - 03. http：//www. evpartner. com/news/18/detail-14113. html.

［35］翎羽.充电桩布局正在逐步加快. 2015 - 11 - 06. http：//www. chinabuses. com/supply/2015/1106/article_66824. html.

［36］陈睿.打造智能家居系统完美功能. 2015 - 01 - 04. http：//www. c-ps. net/tech/201412/221139. html.

［37］朱晓霞.企业能源统计的现状与分析.应用能源技术,2008(2)：36—38

［38］张东霞,王继业,刘科研,等.大数据技术在配用电系统的应用.供用电,2015,32(8)：6—11.

［39］许元斌.电网大数据问答.国家电网,2014(5)：60—61.

［40］姜鑫民,赵林,曲会,等.浅析能源规划指标体系的构建,中国能源,2008,30(5)：36—39.

第 5 章

能源互联网创新基地规划

能源互联网技术目前在国内已经引起了广泛关注，但相关研究尚处于起步阶段。国家能源局开展了中国能源互联网发展战略研究、行动路线和顶层设计；2014年，北京市科学技术委员会（简称北京市科委）组织了"第三次工业革命"和"能源互联网"专家研讨会，并启动了"北京能源互联网技术及产业发展研究"软课题，以期形成详细的能源互联网调研报告和路线图；2015年，北京市科委开展了能源互联网方向的科研立项工作。国家电网也于 2014 年和 2015 年分别启动了"能源互联网技术架构"、"能源互联网信息通信体系架构"方面的基础性前瞻性项目研究。中国科学院学部 2012 年和 2013 年连续两年主办中国能源互联网论坛，促进了国内相关单位的学术交流。2015 年，清华大学成立了能源互联网创新研究院。江苏现代低碳技术研究院、协鑫智慧能源（苏州）有限公司（简称协鑫智慧能源）、南瑞集团公司、中国电信集团公司等也在筹备成立中国能源互联网工程研究院。

为进一步发展能源互联网产业，构建良好的企业发展平台，形成良性的协同创新机制，中国绿色能源产业技术创新战略联盟联合众多会员，拟建设"中国能源互联网创新基地（大厦）"，解决生产、研发等办公场所的问题。中国能源互联网创新基地旨在建设一个能源互联网领域技术研发、科技成果转化、专业人才培训、创业创新基地孵化、国内国际合作的多功能产业发展平台，作为创新驱动引擎，带动技术、条件和产业三个支撑平台的发展，打造国家级能源互联网示范区，孵化和引进一批高科技成长企业，构建开发区能源互联网建设与产业的创新生态环境，营造厚重的"互联网＋智慧能源"国际学术与商业氛围，由此奠定在中国乃至国际"互联网＋"战略中心的重要地位。

5.1　功能与机构设置

5.1.1　总体功能划分

能源互联网创新基地服务于相关产业与技术，将包括五个功能中心，分别是技术研发基地、科研公共平台、产业孵化园、国际交流合作中心和后勤服务机构。

（1）技术研发基地依托国内外龙头企业的科研部门、大学研究机构、各法人独体研究所等，构建能源互联网产业技术创新研究院和能源互联网核心装备实验室，还包括产品检测检验中心、成果展示中心、需求侧管理和促进中心等，主要用于能源互联网国内外前沿技术的创新研发、行业标准体系制定、科技产品成果展示，打造国家级能源工程实验中心。

（2）科研公共平台包括中国绿色能源产业技术创新战略联盟、中国能源互联网产业技术联盟、中关村智能电力产学研联盟等行业机构及会员企业的学术研究公共服务平台。旨在整合优化社会资源和能源互联网上下游产业资源，聚集产业发展合力，立足自主创新，打造中国完整的能源互联网技术与电力电子产业链，展现"中国创造"的整体形象，为联盟成员提供金融、政策、培训、市场推广、商务等一站式服务。

（3）产业孵化园建设包括创新孵化企业及能源互联网产业投资基金，主要用于促进能源互联网领域相关企业的创新发展，支持创新发展和示范工程的建设。通过支持科技创新企业提高资本实力，吸引更多的资本、技术和人才，以充分发挥产业辐射效益，进一步提升能源互联网产业化的整体发展水平。

（4）国际交流合作中心主要用于挖掘国际市场及投资潜力，促进能源互联网产业国际交流与发展，推动各国可再生能源的技术创新与合作，满足亚洲及欧盟国家对太阳能光伏、储能、智能电网等产业的刚性需求。

（5）后勤服务机构包括会议中心、人才交流中心、培训中心、物业服务中心等。主要用于建设多媒体展厅、资料室等产业配套设施，培养能源互联网领域优秀人才，积极与国际接轨、构建远程培训体系，建立能源互联网人才流动站机制。

5.1.2　职能部门计划

基于五个功能中心规划，能源互联网创新基地的主要职能部门规划如下表所示：

能源互联网创新基地职能部门规划表

功能中心	职能部门	人力配置（人）
技术研发基地	大数据与信息技术中心	50
	多能系统混合仿真技术中心	80
	综合能效管理技术中心	30
	柔性交直流配电技术中心	100
	调度控制技术研究中心	30
	智能微网规划设计中心	50
	电力储能技术中心	150
	信息物理融合实验室	30
	能量变换与路由实验室	80
	直流微电网实验室	50
	模块化数据中心实验室	40
	分散协同管理中心实验室	100
	电磁兼容实验室	30
科研公共平台	中国绿色能源产业技术创新战略联盟	20
	中国能源互联网产业技术联盟	30
	中国能源互联网工程研究院（筹）	20
产业孵化园	产业投资基金	20
	创新企业孵化中心	200

（续表）

功能中心	职能部门		人力配置（人）
国际交流合作中心	会议中心		10
	培训中心		30
	中外合作机构办公室		50
后勤服务机构			80
总计			1 280

1）柔性交直流配电技术中心

柔性交直流配电技术中心立足行业前沿技术，研发柔性交直流输配电系统核心技术，研制静止同步补偿器（STATCOM）、动态电压调节器（DVR）、有源电力滤波器（APF）、柔性直流换流器（VSC－HVDC）、多端柔性直流输配电控制保护系统等关键设备，推动柔性交直流输配电技术产业化，提高电网的智能化水平，促进能源互联网发展。技术中心业务范围包括：柔性交直流输配电系统的规划、运行、控制技术服务；柔性交直流输配电关键设备研制；柔性交直流输配电系统综合集成。

2）智能微网规划设计中心

智能微网规划设计中心主要从事能源互联微网和智能配网的规划设计、运行优化等方面的工作，面向含多种分布式发电、储能、多类型用户的微网，研究结合不同需求的微网规划和设计原则，形成微网规划、运行与控制的综合方案。

（1）主动配电网的规划及规划运行互动决策关键技术。主要研究内容：主动配电网规划的多目标优化方法研究；考虑电源-用户互动模式下的主动配电网规划；考虑主动配电网的一二次统筹的规划；混合储能系统接入配电网的互补优化配置。

（2）燃气内燃机冷热电三联供优化运行。主要研究内容：应用于楼宇式燃气内燃机三联供系统的优化运行研究；根据冷热电三联供系统负荷预测确定系统总的冷热电负荷需求；建立以冷热电三联供系统运行费用最低为优化运行目标的函数；分析冷热电三联供系统及相关电空调的运行特性，从而构成冷热电三联供系统经济运行优化模型；优化运行方案。

（3）能源互联网规划。主要研究内容：设计分布式冷热电联供、垃圾发电、光伏发电等清洁能源生产设备的布局；建设配电以及供热、供冷管网，通过优化能源生产环节，科学规划配电以及供热、供冷管网，提高能量传输的效率以及传输环节基础设施的利用效率；引进多能流能源控制、智能调度、系统状态感知等新技术，提高整个供能系统的整体利用效率；搭建基于互联网的信息化网络平台。通过灵活互动的机制创新、智能化的通信控制技术、用户行为的大数据分析技术，激活用户侧的需求响应能力，设计新型能源微网的运营模式。

3）电力储能技术中心

电力储能技术中心主要从事智能电网、新能源、储能系统等方面的研发与产业化工作，应用于大规模电池储能技术领域，包括电池管理系统（BMS）、能量双向转换系统（PCS）、储能电站监控系统、钠镍盐电池等。

（1）BMS。基于电池管理专用集成芯片，具备高精度电压（$<1\ \text{mV}$）和温度（$<0.5℃$）测量、高精度 SOC 估计（$<5\%$）、CAN 通信接口（支持 CANopen 协议或定制协议）、RS-485 通信接口、以太网接口；高效率全过程主动式均衡，分为电池单体与电池模块双层均衡系统，在电池组充电、放电或者静置状态下都能进行双向电量均衡，均衡电流 $1\sim5\ \text{A}$ 可调，效率高达 90%；电池故障诊断系统，能够对所有电池进行性能分析、故障诊断、事故预警及自动处理。

（2）储能电站监控系统。实时显示、记录电池电压、电流，控制并记录 BMS 运行状态功能，控制并记录 PCS 运行状态功能；具有高级应用管理功能，内嵌的高级算法可实现削峰填谷、计划曲线、热备用等功能；具有异常事件记录及报警功能；具有对历史数据进行查询和分析的功能；具有良好的可视化操作界面。

4）多能系统混合仿真技术中心

多能系统混合仿真技术中心开展电磁、电气、机械、热力等多能源系统、智能微网和飞机舰船独立电力系统的混合仿真技术产品研发和服务，包括三项核心内容的研究开发。

（1）针对大规模交直流混合电网的实时数字-物理仿真技术与系统，研发完善基于 RTDS 的机电暂态与电磁暂态混合实时仿真技术与接口设备。

（2）完全自主知识产权的机电暂态超实时仿真技术与软件。

（3）面向微电网的机电-电磁暂态混合仿真的单机非实时仿真技术与软件，并进一步拓展面向飞机舰船电力系统、交直流混合配电网等对象系统的应用。

5）大数据与信息技术中心

大数据与信息技术中心主要从事能源互联网运行和营销大数据分析。研究和开发基于海量多源异构能量数据的分析与应用技术，包括基于工业用户综合用电监测数据的节能与流程改进、基于配网用户数据的模式分析与负荷建模、针对冷热电多能形式的综合数据分析与协调优化；研发基于云技术的模块化数据中心以及数据中心的节能优化技术；研究能源互联网传感、路由和在线数据实时分析技术；研究电能质量综合监测、分析、评估与治理技术。

6）中国能源互联网工程研究院（实验中心）

中国能源互联网工程研究院是该行业领先的科学研究与产品开发机构，主要承担如下功能：对能源互联网产业各个环节的关键技术与关键产品展开探索研究，开发新型装备或产品；基于应用性能的改善目标，探索新型研究方法与产品功能实现路径；引入新型材料，实现装备的产业升级；执行国家战略层面的部署安排，组织业内资深专家进行行业发展的探索研究与验证。

7）能源互联网科研公共平台

能源互联网科研公共平台的功能主要是：指导调研和技术研究标准制定；形成院校、科研院所和企业协作机制，联合进行产业技术的研究与开发；促进技术成果集成转化，形成产业；组织开展能源微网项目示范，在全国进行推广复制；提供产业政策制定的参考，形成产业竞争力，引领能源互联网产业发展。推动建设完善的标准和知识产权体系，搭建信息交流、技术合作、市场应用的产学研交流平台，加强与政府部门和相关产业界的沟通交流，支撑智能电力及相关产业的健康发展。

8）能源互联网创新发展基金

能源互联网创新基地拟组建 100 亿能源互联网创新发展基金，支持创新发展和示范工程的建设，开发区占 10% 以下。重点支持新能源、电力电子、电子信息、储能、新材料、智能输配用电等行业面向能源互联网的产业升级，重点支持新技术、运营和商业模式的创新。

9）能源互联网创业创新中心（孵化器）

技术内在的相通性为产业集群的发展提供了基础，很多共性关键技术可以应用在不同行业的不同背景下，形成产业的集群可以有效利用相关企业资源进行整合和合作。能源互联网创业创新中心支持以企业为主体的技术创新，帮助企业形成自身的创新能力，成立自身的研发中心和工程技术中心。

5.2　选址及建设计划

5.2.1　北京（亦庄）能源互联网技术创新基地

能源互联网技术创新基地选址位于北京市亦庄的北京经济技术开发区，主要依托清华大学及清华大学能源互联网研究院等行业领先机构，进行规划建设。

2015 年 2 月，清华大学发起成立了北京智中能源互联网研究院，在北京经济技术开发区注册。清华大学相关应用技术团队已经进驻开发区，并已着手相关能源互联网方面的技术创新和项目研发工作。智中能源互联网研究院现已参与国家发改委、国家工业和信息化部、国家能源局有关能源互联网战略规划、行动计划等重要文件的起草工作，承担一批重要的相关课题、标准的研究工作，开展重点工程实验室筹备工作，与欧美等发达国家的高校和学术机构进行了学术和技术交流活动。

目前，智中能源互联网研究院正推进的项目有海淀北部能源互联微网（微电网）项目、江苏省张家港经济开发区能源互联网建设、北京经济技术开发区能源互联网建设及河北省永清县"亦庄·永清"高新技术开发区能源互联网建设。此外，还与波兰商会联合成立"波兰-中国新能源技术研究院北京研发中心"，负责监制分布式风光储产品，借势发展国际合作，走向东欧市场。

北京（亦庄）能源互联网技术创新基地建设主体为在北京经济技术开发区建设的一座中国能源互联网大厦。大厦主体规划 23 层，总建筑面积 8 万～10 万 m^2，辅助设施包括道路建设、管线铺设、绿色工程、废弃物处理设施等。

5.2.2　江苏（扬中市）能源互联网产业创新基地

能源互联网产业创新基地选址江苏省扬中市，主要依托江苏现代低碳技术研究院、南瑞集团等领先机构及企业，结合扬中市太阳岛计划，进行规划建设。

扬中市是中国县域经济最具创新力 50 强首位和中国中小城市新型城镇化质量第 25 位的县级市，城乡一体化水平较高。扬中市是全国闻名的"工程电气岛"、"国家火炬计划电力电器产业基地"、"中国工程电气名城"，智能电气、新能源、装备制造是扬中市重点发展的三大主导产业，规模占全市工业经济比重的 90%。扬中市工程电气产业集群入选全国首批"产业集群区域品牌"试点建设，中低压电气占全国市场份额 20% 以上，高压电气占全国市场份额 60%。扬中市创新能力较强，2014 年底全社会研发经费占 GDP 比重达到 2.71%，万人发明专利拥有量达 13.1 件，居全国前列。扬中市高新技术企业产值占比达 75.1%。同时，扬中市也具备较好的分布式能源建设和能源微网建设的资源条件。扬中市年平均日照时数 2 135 h，年可利用 1 100 h，现有可利用面积 250 万 m^2 以上。还有 1 000 多个养殖基地、蔬菜大棚和 3 万多栋别墅，可利用面积 150 万 m^2 以上。扬中市四面环江，江滩面积 1 667.5 hm^2，年平均风速约 5.3m/s，风功率密度为 50～60 W/m^2，适合发展低风速江滩风电场。扬中市现有农作物种植面积 1.39 万 hm^2，主要为水稻、油菜等，年产秸秆量约 10.3 万 t。养殖业和蔬菜种植业集中在油坊镇，带来了丰富的沼气资源——禽畜粪便、禽畜下脚料、秸秆等。扬中市城乡一体化水平较高，电力能源需求量大，电网架构较好。2014 年用电量为 164 466 万 kW·h，工业占比 73.3%；煤炭年消耗量为 72 261 t 标准煤，成品油为 7.3 万 t，天然气为 2 800 万 m^3。扬中市没有火电厂，电力供应主要依靠电网从外部输入，现有 220 kV 变电站 2 座、110 kV 变电所 8 座，规划新建 220 kV 变电所 3 座，新建 7 座 110 kV 变电所分片供电。

2015 年 12 月，《扬中市绿色能源岛（太阳岛）实施方案（2015—2020）》通过专家评审，标志着分布式能源及能源微网建设作为扬中市的重大战略方向，正式开始实施。扬中市政府率先提出了绿色能源岛（太阳岛）的建设目标，重点建设屋顶分布式光伏发电、风电、生物质能等清洁能源项目，打造清洁、低碳、安全、高效的高比例可再生能源生产和消费模式。计划到 2020 年，分布式光伏发电装机容量达 400 MW 以上，太阳能光热户用 100% 全覆盖，风电装机容量达到 100 MW 以上，生物质沼气利用达到 1 200 万 m^3 以上。计划建设 10 个以上新能源微网示范项目，清洁能源消费总量达到 31.61 万 t 标准煤（占比达 33%），居民用电 100% 绿色化（居民用电量 2.93 亿 kW·h），服务业用电 100% 绿色化（服务业用电量 1.12 亿 kW·h）。到

2030 年，实现无煤化，绿色清洁能源占比达 100%，成为国内首座不消费煤炭的现代化城市。

江苏（扬中市）能源互联网产业创新基地的建设与壮大，将直接服务于扬中市绿色能源发展计划，为其方案规划、系统设计、设备研发、施工建设和投资运维等提供系列服务。同时形成自主产业集群，带动中国乃至世界的能源互联网产业与技术的形成、发展、成熟和壮大。

第6章
发展措施和政策建议

6.1　构建标准规范体系

标准化工作是能源行业的重要基础。互联网本质上是先有了 TCP/IP 等简洁的互联网协议，奠定了开放互联的基础，才引发了后续的迅速发展，几十年来新的应用和模式层出不穷。从国外的标准实践看，只有当业界对基本的概念模型和体系架构达成共识的情况下，才有可能进一步研发具体的标准。这就使得能源互联网标准的制定工作迫在眉睫，以实现标准引领并带动产业和市场的发展。

能源互联网涉及的各项功能的实现需要建立在一系列标准和协议的体系框架基础之上，以解决能源互联网中电网传输、能源精准计量等问题，并控制可再生能源发电和确保安全可靠的能源供应。同时，在电网运营中优化终端用能，集成实时电子通信的相关协议，保证能源生产和负载之间的平衡。

1）组成结构

标准限制的内容可分为规范指导和技术要求两大类，据此可将能源互联网相关标准划分为控制性标准和技术性标准。控制性标准是针对某一系统的综合、系统、指导性的要求。技术性标准是针对某一单元设备或某一功能具体、详细、强制性的要求。能源互联网的控制性标准主要包括系统建设前的规划要求、设计要求以及运行时的指标范围、状态评判和调整等，核心指标是区域内能源利用的最优化状态参数，即可再生能源利用率、系统能效、产品能效。能源互联网的技术性标准主要包括用于能量系统的设备、系统、接口的标准，应用于信息系统的设备、系统、接口的标准，以及应用于业务系统的设备、系统、接口的标准。这些标准设备的使用，保证了较高的系统能效和稳定安全的系统运行。

基于能源互联网三个功能子系统的划分，能源互联网的相关标准可详细划分为通信技术标准、能量系统标准和业务流程标准。通信技术标准主要包括电力质量传感和组网、热力质量传感和组网、数字化气网、多协议物联网网关、能量信息组网协议等。能量系统标准主要包括能源微网设计规范、新能源和分布式占比优化、过程能效和系统能效计算等能效设计标准，分布式发电、无功补偿和继电保护、分布式供热、多电源耦合、多热源耦合等相关设备标准，分布式电源和储能接入、智能配用电、供电和负荷联合预测、能量路由器等能量输配标准，电力快速热拔插、交互式能量管控终端、智能能量表等智能用能标准等。业务流程标准主要包括业务信息、市场准入、供需匹配、能效服务、交易活动等流程规范。

2）重点标准

与传统能源结构相比，能源互联网有三个显著特征：提高能效、优化电网结构、适宜新能源和分布式发展，这是能源互联网能量系统标准制定的关键。能效标准中，能源微网能效标准的制定是重点，产品能效在用电设备上已有较完善的评估体系，而在用热设备上需要重点加强。

完善的集成通信协议是能源互联网体系结构的关键组成部分，是实现信息能源基础设施一体化的基础。能源互联网的集成通信能够从各基础设施中获取大量的数据，以完成能源互联网的高级应用，如实时价格控制、能源传输双向控制等。目前的能源互联网还缺乏一个集成的通信基础架构和协议组，对于能源互联网的各功能部分，虽然其通信协议已经存在，但是这些协议通常局限于能源互联网体系结构的某一层。能源互联网的通信基础设施和协议应具备以下基本要求：能够实现双向通信，具备面向能源互联网高级应用的互操作性，并实现端到端的可靠安全通信。同时，能源互联网系统必须具备稳定性和可靠性，以抵御潜在的网络攻击。

智能电网是能源互联网发展的重要基础，目前对其标准的制定自成系统。国内外对智能电网标准制定均非常重视，在借鉴国际标准体系的基础上，中国也初步建立了自具特色的智能电网标准规划。

能源微网标准体系中，微电网的运行标准、分布式发电和储能系统的接入标准、新能源发电设备及系统的评估标准、智能用电的交互管理标准等是核心标准，一些标准正在制定之中。热电微网综合运行、多热源热力网的运行、分布式供热的接入等标准，亟须研究制定。

3）标准体系框架

能源互联网的标准体系可以划分为四层：

（1）第 1 层是能源互联网通用基础标准。

（2）第 2 层是能源互联网的公共支撑性标准，包括术语与缩略语、方法学、用例分析、概念模型、体系架构和技术指导原则等。

（3）第 3 层是能源互联网的专业基础标准。这是各专业的共性要求，可以分为八个专业，分别是组网、运行管理、测量、互操作、信息集成、安全、市场和技术支持系统。这八个专业是目前的分法，以后不排除增加新的专业，或者在专业领域增加新的个性标准。

（4）第 4 层是针对各专业的个性标准。这样，通过将通用基础标准、公共支撑性标准和专业基础标准提取出来，既可以避免重复和不一致，也能使个性标准的专业针对性更强。

能源互联网有关的标准协议体系如图 16 所示。

具体能源互联网的标准体系，可以包括八个部分：

（1）基础与通用部分，包括能源互联网的术语和缩略语、能源互联网的概念模型与体系结构、能源互联网技术导则。

（2）组网与运行管理部分，包括能源互联网组网技术导则、能源组件接入能源互联网技术要求、能源互联网运行管理规程、能源互联网运行性能要求、能源互联网自动化运行导则、能源互联网安全稳定控制导则。

（3）测量与评价部分，包括能源互联网测量体系架构与一般要求、测量数据传输接口与管理规范、测量组件接入能源互联网技术要求。

（4）互操作部分，包括能源互联网互操作框架、能源互联网信息交换模型、能源互联网信息集成规范、能源互联网设备模型、能源互联网事件模型、能源互联网

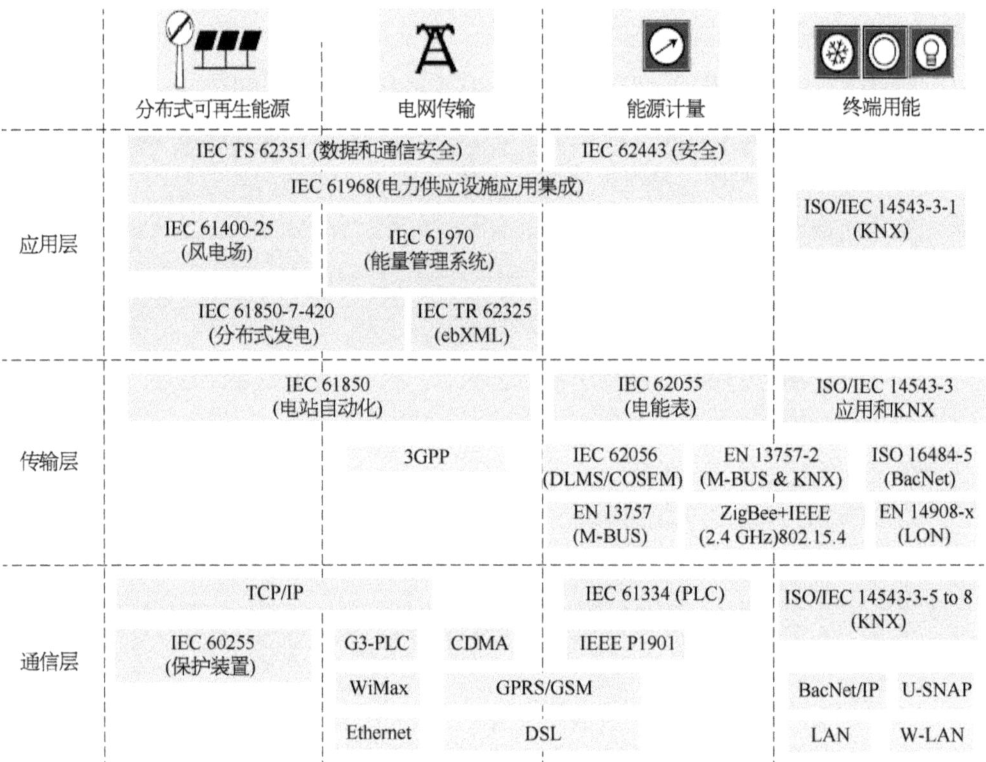

图 16　能源互联网有关的标准协议体系

抽象通信服务接口、能源互联网报文映射规范、能源互联网模型符合度认证规范、能源互联网信息编码规范。

（5）安全防护部分，包括能源互联网安全防护导则、能源互联网安全认证规范、网络互联边界防护技术要求。

（6）互动与市场交易部分，包括能源生产与消费模型、能源交易与结算模型、信息披露与互动规范。

（7）质量监督与认证部分，包括能源组件技术要求、能源组件检验及入网认证规范、能源互联网自动化装置技术规范。

（8）技术支持系统部分，包括能源管理系统功能规范、能源管理系统应用程序接口规范、地理信息接口规范。

6.2　改革能源产业体制

无论是传统能源还是新能源，其产业制度都要严格重视市场配置和宏观调控的综合平衡。社会主义市场经济是能源互联网发展建设的体制基础和制度指引。要搞好基础设施建设，在财税、金融、投资和计划体制的改革方面迈出重大步伐，建立计划、金融、财政之间相互配合和制约的机制，加强对经济运行的综合协调。

能源产业体制改革的基本思路是：科学确定能源产业组织形态，有效区分竞争性业务和非竞争性业务。优化市场结构，对非竞争性业务加强公平接入和普遍服务的监管。充分发挥市场配置资源的基础性、决定性作用，积极培育多元化市场主体，加快能源交易平台建设。

1）制度创新保障体系（图 17）

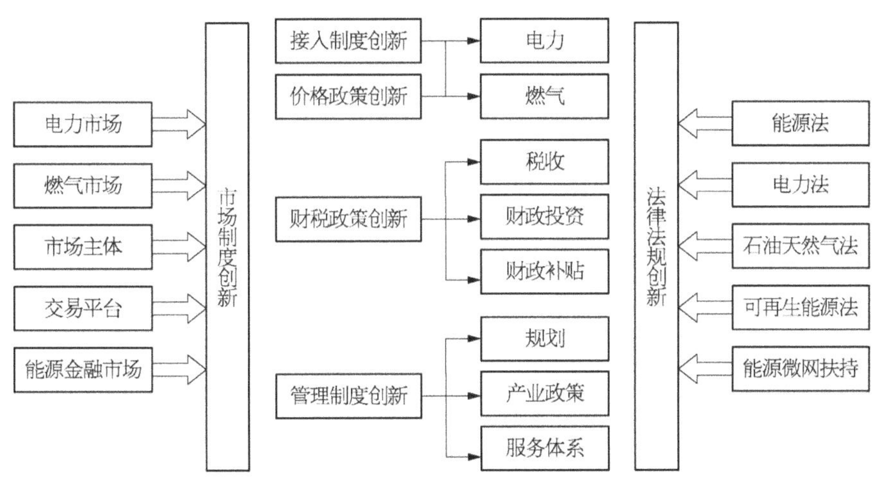

图 17　能源互联网制度保障体系

具有中国特色的能源法律法规体系，是以能源法为统领，以煤炭法、电力法、石油法、天然气法、可再生能源法、节约能源法等单行法为主干，以国务院和地方政府制定的相关配套法规和能源标准规范为补充的一个完整的法律法规框架体系。应在尽早出台能源法的基础上，及时制定完善电力法、石油法、天然气法、可再生能源法等行业单行法律。在配套服务制度方面，完善电力规章制度、石油天然气法规，完善《中华人民共和国可再生能源法》和《中华人民共和国节约能源法》的配套制度，建立能源微网扶持制度。

2015 年 3 月，中共中央、国务院下发了《关于进一步深化电力体制改革的若干意见》（中发［2015］9 号），涉及 7 大重点任务、28 个子任务，将重点推进竞争电价、配售电主体放开等改革，旨在逐步培育多元市场化竞争格局。电力行业将基于该文件确定的改革思路，逐步落实：一是电力大用户与发电企业直接交易试点范围逐步扩大，更多的地区将实行"直购电"试点，"多买、多卖"的市场竞争机制逐步形成；二是"输配电价改革"试点范围从深圳扩大到内蒙古蒙西电网，如果进展顺利，一些电力资源丰富的区域或消费区域，例如东北、新疆或上海等也可能开展此类试点，为准确监管输配电价提供更丰富的素材；三是电网企业的一些辅助功能，例如规划、设计或房地产、传媒等其他不关联的业务或投资受到抑制，电网企业业务逐步收缩，不再统购统销，主要集中于从事电网投资运行、电力传输配送等；四是配售电业务放开，该领域将涌现出非常多的主体，这是新一轮电改所带来的最大红利。

2）接入制度创新

我国目前在新能源发电接入、分布式发电接入、微电网接入等方面出台了一定的法规制度，但仍然存在地方解读不一、流程手续复杂等问题。在煤层气、沼气等可以并入城市天然气管网的分布式燃气方面，还没有具体的法规，亟须制定。

电网公司和监管部门应进一步完善明确、简洁、易操作的电力并网流程。并网用户符合并网标准即可申请接入，接入设计和相关服务由电网公司负责，接入规范、材料、时间等应有清晰的规定。完善分布式发电、新能源发电、微电网等并入配电网的技术规范。新能源发电具有间歇性，分布式发电和微电网改变了传统配电网的运行特性，这些技术规范要求国家层面的权威性、统一性。2012 年，国家电网陆续发布《关于做好分布式光伏发电并网服务工作的意见》和《关于做好分布式电源并网服务工作的意见》。2014 年 2 月，国家能源局出台《新建电源接入电网监管暂行办法》，提出了电力接入的总体原则：促进电网公平、无歧视开放，保证电力交易正常进行，保障电力系统安全稳定运行，维护电力企业合法权益和社会公共利益，规范新建（包括扩建、改建，以下统称新建）电源接入电网系统工作，确保新建电源公平无歧视接入电网。2015 年，国家能源局发布光伏发电建设实施方案的通知,通知要求对屋顶分布式光伏发电项目及全部自发自用的地面分布式光伏发电项目不限制建设规模,各地区能源主管部门随时受理项目备案,电网企业及时办理并网手续,项目建成后即纳入补贴范围。

我国是严重贫气国家,煤层气、煤制气、垃圾填埋气、沼气等在净化后,可并入天然气管网。应鼓励分布式燃气的工程建设、社会资本投资和燃气并网接入。2013 年 9 月,国务院出台《国务院办公厅关于进一步加快煤层气(煤矿瓦斯)抽采利用的意见》,明确要统筹规划建设煤层气规模化开发区块输气管网等基础设施,支持大型煤矿区瓦斯输配系统区域联网,要进一步制定煤层气质量标准,按照就近利用与余气外输相结合的原则,支持地方和企业加快煤层气专用管网建设,加快煤层气并网和调度。沼气工程规模化开发和市场化并网销售是解决沼气利用效率低、沼气池废弃和闲置率较高、管理服务不到位等问题的重要措施。在制定和执行区域经济、社会发展规划和建设计划时,应充分考虑沼气项目建设规划和计划,并与城镇污水处理厂、垃圾处理厂、垃圾填埋场、垃圾发电厂、污泥处理、河湖治理和城市加气站建设计划相结合。国家能源局发布的《生物质能发展"十二五"规划》提出,在河南、广西、四川等畜禽养殖规模较大、有机废渣废水资源丰富的地区,建设为城市、大型村镇集中供气的沼气及管网设施示范工程。2014 年 5 月,河南天冠企业集团公司利用酒糟和糟液建成日产 48.5 万 m^3 的沼气项目,实现了对南阳城市燃气管网的接入。

3) 管理制度创新

(1) 当前的分散管理也造成了能源规划和其他规划不协调,应出台能源综合规划制定规范,在统一能源管理机构的协调下进行。以能源微网建设为最优目标的分布式发电、分布式供热、CCHP 和 BCHP、新能源区域规划等,以及光伏建筑一体化、热泵建筑一体化,均需要新能源开发规划和热力、水务、燃气、土地、建筑等规划的综合。在能源的统一规划、综合设计方面,建筑和能源是最为紧密的。中国城镇化建设目前面临着既有建筑改造、建筑节能改造、绿色建筑及生态示范区建设、新型城镇化、社会主义新农村等发展建设任务,存在建筑工业化、绿色建材及节能建筑等新经济增长点。在能源互联网模式下,这些规划设计必须考虑用能、节能及能源互联网的能源开发利用要求,能源规划将成为城乡规划和建筑规划的重中之重。

（2）应出台能源产业政策综合制定规范，在统一能源管理机构的协调下进行能源互联网相关产业政策的制定。能源互联网产业组织政策的重点是协调专属运营和市场运营、规模运营和分布式运营的冲突，培养多元化能源主体，反垄断和反不正当竞争；能源互联网产业结构政策的重点是保护新兴先进能源产业、淘汰传统落后产业，人为干预市场资源向能源互联网相关产业转移；能源互联网产业技术政策的重点是制定技术标准和扶持项目清单，鼓励先进技术的研究、引进、扩散，对先进能源技术进行资金补助、价格补贴、融资支持等；能源互联网产业布局政策的重点是区域能源综合规划、新能源耦合发展布局等。

（3）能源互联网要求能源公共设施完善、服务过程透明、信息发布及时，要求规划、设计、能效、咨询等中介服务专业、细化、规范。建立现代能源服务体系，一方面是完善能源公共服务，推进能源基础性公共服务均等化，做好能源经济性公共服务，提高能源信息服务水平；另一方面是积极培育能源中介服务机构，引导行业协会和咨询机构专业化、规模化、全面化和规范化发展。

（4）加强能源审计。中国能源设计的市场机制未形成，处于政府力推、企业不解的状况。因此，需加紧制定能源审计法律法规，研究各行业能源审计办法，统一能源审计方法；完善能源审计市场行为规范，制定收费项目和收费标准，培育科技中介服务机构，严抓能源审计资质。

4）能源中介与行业协作

（1）推进能源普遍服务，明确能源企业作为普遍服务的主体，由政府建立能源普遍服务基金或财政补贴、税收减免等激励政策，补偿能源普遍服务的成本，促进能源资源的开发与基础设施的建设改造。能源普遍服务基金可借鉴城市供热保障金制度，纳入社会保障体系。保证困难家庭用能，逐步实现城乡社会保障一体化；发挥市场机制在能源普遍服务的基础作用，吸引社会资本和企业积极参与农村能源建设，开展政府对事业性和政策性亏损的财政补贴。

（2）完善能源信息服务。健全能源信息上报与采集制度，改进统计方法，建立企业的能源平衡表制度，定期开展能源普查。建立能源公共信息平台和信息监测制度。利用平台收录、发布、共享能源的生产、消费、库存、进口、价格等信息，发布国内外各类能耗信息、节能技术、工艺设备、管理经验等。加强相关性能源数据的分析挖掘，构建能源行业综合投资指数、能源安全度预警指数等，定期向社会发布，引导投资和建设。

（3）积极培训能源服务公司等中介服务组织，开展合同能源管理（energy performance contracting，EMC）；参与制定 EMC 财税政策，建立节能投资担保机制，形成节能技术服务体系，提供诊断、设计、融资、改造、运行、管理等一条龙节能服务。

（4）开展行业协调和自律，发挥行业协会作用。协会主导研究制定能源产业政策、标准、准入条件，监督推动企业履行社会责任，积极开展信息统计、咨询、培训、资质管理等服务。健全能源行业协会，制定行业协会的法律规范，实现依法设立、民主管理、行为规范和自律发展。坚持协会市场化，政府和协会分离，把信息统计、标准制定、专业评估、论证等工作交给协会去做，提高协会服务质量和水平，发挥协会的纽带桥梁作用。

6.3　鼓励创新集成示范

在能源互联网相关技术及设备的研发生产、集成创新、应用示范及推广方面，需尽快落实相关鼓励配套政策。基于材料、器件、设备、系统等产品生产环节，进行前沿技术、设备开发、集成应用以及市场应用的综合性鼓励。重点进行结合能源微网系统及关键设备、特色示范性项目建设进行资金和政策支持。

（1）出台国家层面的能源互联网关键技术及设备产业化、集成应用化的科技战略是基础。以在智能制造方面领先世界的德国为例，2006 年 8 月，德国政府制定了"高科技战略"，以实现 2010 年研发投入占国内生产总值 3% 的目标，其中经济界投入 2/3，联邦政府和各州政府投入 1/3。德国政府已在一系列重点科研领域中确定了"高科技战略"的 700 个创新项目。2007 年，德国研发投入占 GDP 总值的 2.54%，增长了 10.4%。德国在金融危机爆发后出台的经济刺激方案中还规定了增加教育及科研支出。

（2）实施激励自主创新的政府采购政策，建立财政性资金采购集成应用产品的制度，改进政府采购评审方法，给予自主创新集成应用产品优先待遇，建立集成应用示范的政府首购和订购制度。德国政府采购支出约占 GDP 的 11%，为促进新技术使用,联邦政府各采购部门一致声明,在招标和采购中注意选择新科技产品及资源节约型产品。我国政府采购行为在市场上亦有一定的比例,且国有企业在能源、通信、电力等领域占有绝对的垄断经营地位,应加大政府及国企采购中对创新产品的优先采购力度。

(3)积极探索政府资金和各类金融资本有机结合支持自主创新的方式,建立"公私合营模式"的高科技创业基金,为科技企业提供创业融资,支持新企业技术创新和产研结合。可采取区域联合研发基金、行业(产业)联合研发基金等多种形式。通过联合基金发挥财政资金引导撬动作用,建立财政投入与社会资金搭配机制,提高财政科技资金绩效,大力促进产学研紧密合作、企业研发投入增加和重大科技难题的解决。德国政府主导成立的高科技创业基金,除了经济部和国有复兴信贷银行外,巴斯夫集团、德国电信和西门子、戴姆勒、博世等德国大型企业也提供资金。通过参股方式扶持新成立的以研发为基础的企业,新企业可得到最高 50 万欧元的入股,用于研发、样机制造甚至市场推广。

(4)出台财税优惠政策,支持股改上市,鼓励和引导政策性金融和商业金融对自主创新的支持,改善对集成应用示范企业的金融服务。为改善科研企业的融资环境,德国政府通过改革企业税收环境,为企业在资金上创造更大的研发投入空间;同时在税收上对支持科研的公益基金给予优惠,从而鼓励基金会吸纳私人资金。澳大利亚政府曾出台研发政策框架,将科研和创新的整体内容划分为三大领域:大学和公共研究机构、私营企业部门和政府部门。根据不同领域,相应采取不同的政策措施,如直接拨款和补贴、减免税收、扶持公共研究机构等,以提高他们的研发能力,改善他们的科研和创新状况。政府部门作为整个科研创新体制的设计者和领导者,更要首先改革和创新,使用新的方式方法去制定政策、提供公共服务和管理信息,并利用其政府采购政策倾向性地支持私营部门中创新表现较好的企业。政府能够清楚地确定国家需要重点创新的领域,并提供评价标准;大学和公共研究机构能够有力地吸引顶尖人才从事世界级科学研究,为国家提供更多的先进知识和理念;各个部门、规模的企业都积极创新,视创新为增强竞争力的法宝,政府政策有效支持相关技术的商业化;政府和社区能够有意识地通过创新改善政策的制定过程,更好地提供公共服务;研发人员、企业和政府能够更加充分地协作,更好地将先进技术商业化,以实现其价值。

（5）促进中小企业创新，扶持一大批具有自主知识产权和核心产品的中小企业，以形成能源互联网产业集群。进行规模增量奖励、市场开拓与宣传奖励、企业经营突出贡献奖等奖励。中小企业在开拓市场方面具有灵活和反应迅速的优点，更易在新领域中取得成功。但是，他们经济实力弱、难以承担高额研发成本，需要政府加大鼓励企业间或企业与科研机构的合作，引导企业接受专业创新咨询服务，如评估企业发展潜力、提出下一步发展建议、为具体问题设计解决方案或介绍技术合作伙伴、对企业进行外部项目管理、为企业创新项目进行总结。通过这些咨询服务，小企业既可以明确发展方向，又降低了创新可能带来的风险。

（6）鼓励科研机构进行成果转化，加大能源互联网人才培养及产业化支持。要给相关集成应用研发企业使用大型科学仪器设备共享平台、国家大学实验室相关服务给予优惠减免。政府相关部门要深入实施促进集成应用研发企业成为技术创新主体的有关财税、金融、政府采购等政策。加大企业研究开发投入的税前抵扣力度，允许企业加速研究开发仪器设备的折旧，加快实施消费型增值税。不仅对创新项目进行评估、补贴，对创新企业推动落实研发费用加计扣除政策，还要重点进行相关人才的培养、引进和引导创业。对重要成果、关键技术及核心研发人员给予奖励，颁发一定的研发津贴。

（7）保护知识产权，将标准化工作作为创新动力。保护知识产权是对创新的有力支持，要加强对高校、中小企业、创业者和发明家进行法律和商业应用方面的指导，帮助其进行专利申请和商业推广。鼓励行业自律与协作，降低法律成本。标准化能够促进创新、开拓新市场，并且有利于创造企业公平竞争的环境。要通过标准化管理与研究，成立标准化工作组织，及时出台相关标准，特别是争取国际标准的制定，争夺能源互联网领域名副其实的大国地位。

（8）重点进行能源微网项目建设示范、智慧能源塔系统示范、网络式储能项目示范、信息能源一体化设施系统示范等项目示范建设，实践和总结关键技术和集成技术，积累设施建设和项目建设的经验。2015 年 7 月，国家能源局发布新能源微网示范申报的通知，制订了较为详细的申报指南、技术要求和项目指标，为能源微网项目建设的示范支持提供了很好的制度案例。

6.4　建立能源市场机制

建立能源市场机制关键在于市场制度创新,核心是培育多元化市场主体和搭建现代化能源交易平台。

十八届三中全会通过的全面深化改革决定要求"实行统一的市场准入制度,在制定负面清单基础上,各类市场主体可依法平等进入清单之外领域"。目前,中国(上海)自由贸易试验区正在进行"负面清单"制度试点。按照经济体制改革总体部署,国家或许公布实行市场准入"负面清单"制度的具体实施意见或方案,全国范围内将全面推行市场准入"负面清单"制度。作为行业垄断程度高、市场竞争不充分、政府干预过多、市场准入门槛高、竞争地位不平等的能源行业来说,最有必要也最应该实行"负面清单"制度。

(1)电力市场建设。《关于推进电力市场建设的实施意见》明确,电力市场建设的实施路径是:有序放开发用电计划、竞争性环节电价,不断扩大参与直接交易的市场主体范围和电量规模,逐步建立市场化的跨省跨区电力交易机制。选择具备条件地区开展试点,建成包括中长期和现货市场等较为完整的电力市场;总结经验、完善机制、丰富品种,视情况扩大试点范围;逐步建立符合国情的电力市场体系。

(2)天然气和非常规燃气市场建设。要逐步实现天然气市场定价,完善天然气储运设施建设,积极推进天然气中远期合约市场、现货市场和期货市场建设。

(3)其他市场建设。根据中国经济社会和能源需求发展的实际,逐步探索能源生产污染物排放额交易、可再生能源配额交易、绿色证书交易、白色证书交易、碳排放交易、CDM 交易、环境容量交易。

能源行业基本市场制度主要包括能源法律法规制度和能源税收制度。对于前者,无论是从目前的行业管理上看还是从改革和发展的要求上看,涉及能源的法规体系都还不够完善,有的要新立,有的要补充修改。2015 年,国家将完成一些法律法规的重新清理、修改和新立,还会为适应新形势修订和制定过去由能源企业执行的一大批国标、行标和内部规章等,部分行业标准、政策会被废除。对于能源税收制度，主要是执行新的煤炭资源税、成品油消费税政策，并在征收环节、方式和税收优惠方面出台一些细则。同时，进一步加强涉及能源行业不合理的行政事业性基金、收费等清理。例如，各种附加在电力、成品油价格里面的基金、收费项目。

加强能源资源管理和整合，在保持国有经济在主干电网、主干油气网、能源基地建设、核心基础设施建设等关键环节主导地位的同时，推进主辅分离改革和分离企业社会职能。加强国有能源企业、公共能源服务等的监督和管理。鼓励可再生能源参与电力市场，鼓励跨省跨区消纳可再生能源。

重视发挥民营资本的作用。在竞争性能源业务环节，引导民营资本有序进入，鼓励民营企业积极投资于新能源开发、能源节约和生态环境保护、能源科技创新和能源贸易等领域，有效发挥中小企业的优势。鼓励民营企业做专做精，拓宽投融资渠道，支持民营资本强强联合，规范有序地参与国家市场竞争。出台具体举措让非国有资本既能"进得来、留得住"，还能"过得好"。能源行业混合所有制改革并不是简单地让非国有资本进来壮大其自身的资本实力，而是应相互发挥自身的优势，取长补短，最后达到资本配置和运行效率双提高，国有和非国有资本"双赢"的目的。

完善能源市场监管，有序开放中国能源期货市场。建立和完善公开、公平、公正的能源现货及中远期合约市场，逐步建立现代能源期货市场。加强和完善能源市场基本交易制度建设，积极推进电子交易市场建设，形成能源互联网能量交易平台。

能源金融的本质就是能源经营活动的资本化过程，要分别在能源交易支付、能源业务投资、能源项目融资等三方面重点建设，完善能源金融市场。出台支持能源互联网发展的项目建设投融资政策，联合银行、证券、保险等金融行业建立服务制度和扶持机制，扶持创新能源金融产品。在能源交易支付方面，依托能源交易市场、能源电子交易平台和分布式能源利用模式，建立能源主体信用制度，开拓在线支付、电子支付等快捷支付途径。在能源投资方面，建立市场化能源投资机制，逐步形成以市场主导型投资机制为主、政府主导型投资机制为辅的投资构成，鼓励中央与地方、政府与企业、国企与民企、国内与国外的组合投资，形成多元化能源投资主体。在能源融资方面，开拓多种融资渠道，创新能源金融产品。在新能源、分布式利用、能源微网等能源互联网建设核心领域，在融资成本、利率政策方面有一定的倾斜。

参考文献

［1］曹军威. 能源互联网探析. 2014 - 12 - 26. http://www. chinacloud. cn/show. aspx? cid＝18&id＝18925.

［2］董秀成. 市场经济体系呼唤完善能源法律法规体系. 2014 - 7 - 26. http://blog. caijing. com. cn/person_article-151291-72330. shtml.

［3］刘满平. 今年能源体制改革或有大突破. 中国能源报,2015 - 02 - 09.

［4］国家电力监管委员会. 电力并网互联争议处理规. 2006 - 11 - 21. http://www. gov. cn/ziliao/flfg/2006-11/21/content_447779. htm.

［5］政策法规处. 发展生物天然气是重要的战略选择. 中国能源报,2016 - 01 - 20.

［6］省发改委综合规划处. 国家能源局发布《生物质能发展"十二五"规划》. 2013 - 01 - 29. http://www. zjdpc. gov. cn/art/2013/1/29/art_87_495216. html.

［7］经商处. 德国"高科技战略"的目标与措施. 2006 - 08 - 15. http://de. mofcom. gov. cn/aarticle/ztdy/200609/20060903238025. html.

［8］驻德国经商处. 德国鼓励支持研发的政策与做法. 2010 - 03 - 20. http://www. mofcom. gov. cn/aarticle/i/dxfw/jlyd/201005/20100506922277. html.

［9］驻澳大利亚使馆经商处. 澳大利亚鼓励研发有关政策. 2010 - 03 - 11. http://www. mofcom. gov. cn/aarticle/i/dxfw/nbgz/201003/20100306816930. html.

［10］刘满平. 2015 年能源行业进入壁垒或将得到有效消除. 上海证券报,2015 - 02 - 05.

［11］中国新闻网. 两部门：将有序放开发用电计划,竞争性环节电价. 2015 - 11 - 30. http://www. chinanews. com/cj/2015/11-30/7647540. shtml.

［12］刘满平. 今年能源体制改革或有大突破. 中国能源报,2015 - 02 - 09.

附录　能源互联网实践案例

附录 1　延长石油集团靖边能源化工综合利用产业园区多能互补示范项目

1.1　建设背景

延长石油集团靖边能源化工综合利用产业园区（简称延长石油靖边园区）由延长石油集团下属公司陕西延长中煤榆林能源化工有限公司投资、开发、建设、运营，规划总控制面积 40 km²，最终目标是将园区建成年产值过千亿元的综合能源化工基地。项目 2008 年 6 月 15 日正式开工建设一期，二期以丰富烯烃产业链为重点，建设多套后续加工装置，总投资 270.75 亿元。2009 年 11 月，靖边园区项目被国家发改委和联合国等组织确定为"清洁煤技术示范推广项目"。

通过现场调研、分析，园区能源利用存在以下问题：热网梯级利用，但是冷凝热未利用，且规模很大；已建燃煤锅炉系统环境污染严重；电和热虽然形成互补，但能源和资源互补性要进一步加强；二期用电需求大，但是上马燃煤发电有困难，在审批上难以得到支持；一期填平补齐工程（二期）正在设计，应与一期的能源基础实施共用，统一调度管理。

另外，榆林地区作为陕北能源基地主要规划建设区，存在以下问题：

（1）陕北地区对煤炭、石油等传统能源产业依赖严重，当前传统能源产业形势严峻，直接影响陕北地区经济发展，其严重程度已经远远超出了传统的工业产业范畴，开始影响到服务业和消费以及财政收支平衡。

（2）榆林地区作为陕北能源基地主要规划建设区，目前已出现可再生能源弃风弃光问题，并有进一步加剧的趋势。一些项目的弃风弃光现象比较严重，有的风电项目弃风率达到了 20％。

（3）煤炭利用方式粗放、能效低、污染重，资源环境压力越来越大。

1.2　示范价值

延长石油靖边园区多能互补示范项目将拉动加氢站设备制造、双玻光伏组件生产、余电制氢的投资。可能派生出的产业包括：①智慧能源管控服务：利用为特定行业、企业、家庭开发的能源管理系统，开展智能化用能管理和能效优化服务。能源微网管理系统是微网中对发电、制热、储能、负荷及电力系统、热力系统等的进行一体化监控的管理系统。②能源大数据服务：系统内服务通过一定原则的能源数据分析，为能源微网的运行决策提供参考；系统外服务通过客户制定的能源数据挖掘，提供商业报告。③可再生能源制氢产业：氢能作为一种新型的清洁能源，是可再生能源研究中的热点。将可再生能源发电制氢与常规能源的储能装置相结合，可以有效地实现可再生能源的大规模发电，具有非常实际的应用价值。

该项目符合国家精准扶贫政策方向，能带动当地经济发展，促进当地农民增收，预计每年可提供 3 000 个就业岗位，推动城镇化建设。同时，光伏组件生产、余电制氢以及加氢站设备制造等高新产业的落地将极大提高当地科技创新水平，推动科技进步，对当地科技发展将有长远影响。

该项目作为延长石油集团能源互联网大战略实施的一个启动项目，对延长石油靖边园区的能源供给侧进行结构性调整，意义重大。延长石油集团传统能源形势下滑的发展问题非常严峻，延长石油集团董事长贺久长表示，2016 年延长石油将以能源互联网为抓手，继续坚持以效益为中心，加快跟进供给侧结构性改革，全力以赴拓展市场、降本增效，确保企业在逆境中稳步发展。

新能源生产与能源消纳区域的不匹配使各省可再生能源发展面临较大压力。本项目提出一种解决弃风弃光问题的可行方案，即利用能源互联网组织集聚功能，新建可匹配的新能源项目，以风光火气及制氢负荷形成平稳可靠的终端一体化多能互补系统，解决单一集中式光伏电站及风电场电能难以消纳的问题。项目的实施将为陕北化工园区结构性调整及与战略性新兴产业融合提供借鉴，带动工业园区高效、可持续发展。

1.3　建设内容

项目名称为延长石油靖边园区 400 MW 光风气电热储多能互补系统集成优化示范项目。依托靖边园区一期用能结构调整和二期扩建用能需求而建设，项目主要包含天然气热电联供、冷凝热发电、余电制氢调峰与储能系统等多能互补系统，接纳周边弃风风电和弃光电站，构建热电协同、多能互补的多能互补供能系统，建设智慧能源塔能量信息一体化设施系统，为化工园区提供清洁、安全、高效、经济的"电热氢"能源。另外，项目带动制氢、加氢设备制造、光伏组件制造基地，形成互补跨界综合示范，如附图 1 所示。

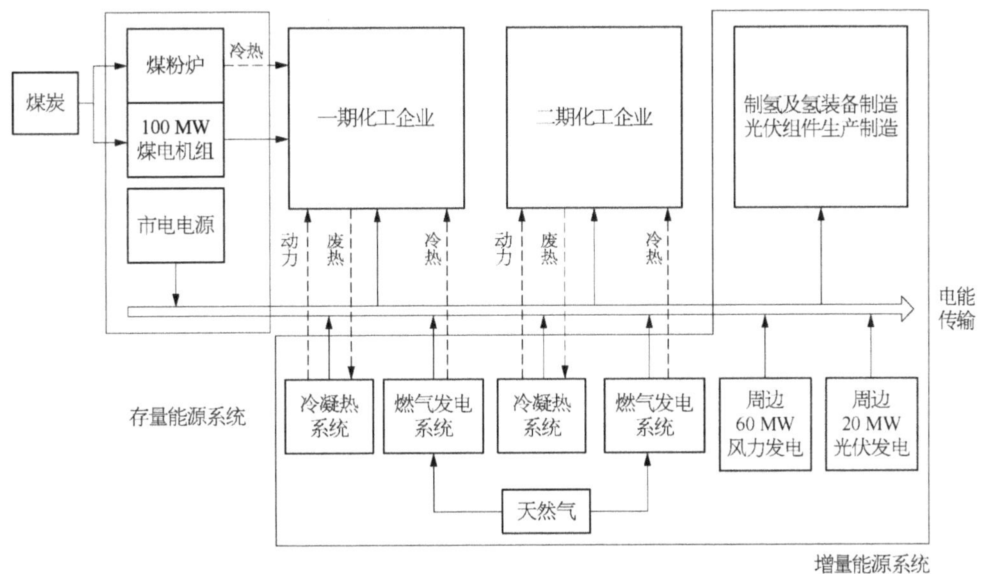

附图 1　延长石油靖边园区多能互补示范项目

（1）具体规划布局：45 MW 余电制氢与氢储能罐区 40 hm²，15 t 氢装备制造基地 3.33 hm²，道路及智慧能源塔能量信息一体化设施 4 hm²，员工宿舍 1.33 hm²，运营调度中心 1.33 hm²。在二期未利用土地 200 hm² 中使用 26.66 hm²，包括天然气热电站、冷凝热发电、光伏发电和风电接入工程建在二期园区空地，分别占地 16.66 hm²、6.66 hm² 和 3.33 hm²。施工临时用地面积约 0.66 hm²，主要包括临时囤放区、临时生活区、组装加工区等。

（2）总体规划与多能互补技术：项目以"因地制宜、风电消纳多能互补、智能调控、运行可靠、可再生能源优先使用、经济高效"为原则，创建以光伏、风电、天然气、冷凝热、火电和氢储能为主的多能互补系统，带动制氢、加氢设备制造和光伏组件制造基地的建设，形成互补跨界综合示范。采用互联网"能量流、信息流、数据流、业务流"融合技术，实现产能和用能的"预测、平衡、优化、调控"。

（3）具体实施方案：以燃气发电、冷凝热发电调峰填谷，余电制氢储能系统完成可再生能源发电峰值出力时的电量消纳，接纳项目周边现有弃风弃光资源，优化组合现有燃煤热电站，建设智慧能源塔能量信息一体化设施系统，建立能源管理系统，合理调配使用电能、热能、储能，实现多能协同供应和能效最优化。

项目总建设期 2 年，采用分步建设方式，先期建设部分调试完成后可投入运营，运营期 25 年。

1.4　示范内容

延长石油靖边园区多能互补示范项目挖掘当地自然资源，探索实践多能互补能源系统，满足当地工业园区供电、供冷、供热的综合能源需求，降低用户用能费用，弥补了电网、集中供热能力的不足，提高了系统信息化、自动化、智能化水平。

新能源发电受自然资源条件的影响，波动较大，间歇性强，可靠性较低，消纳形势严峻。该项目将"光风气火电冷热"七种能源互补耦合，利用风光发电的天然出力特性形成互补，利用天然气发电及冷凝热发电作为新能源调峰机组，利用制氢负荷消纳峰时电量，结合能量管理系统的智慧化调度管控，形成动态匹配、互补耦合系统。保证 100% 消纳光伏电量，同时消纳当地存量风力发电电量，降低弃风率，灵活利用天然气等新能源，达到新能源利用最大化目标。

通过新能源项目建设，可以加快延长石油集团电源结构、产业结构及布局的调整，为传统能源企业寻找新的经济增长点。智慧能源生产、能源管控系统、智能配网的建设将促进延长石油集团工业信息化，实施科技引领战略。

通过该项目的实施，将从规划设计、投资建设、运行维护等各个层面积累丰富的实践经验和基础数据，为多能互补项目技术应用标准、并网标准、系统设计标准、业务系统标准及相关设备标准的建立起到巨大的推动作用和借鉴意义。多能互补系统的控制性标准主要包括系统建设前的规划要求、设计要求以及运行时的指标范围、状态评判和调整等，核心指标是区域内能源利用的最优化状态参数，即可再生能源利用率、系统能效、产品能效。多能互补系统的技术性标准主要包括用于能量系统的设备、软件、接口的标准，应用于信息系统的设备、软件、接口的标准，以及应用于业务系统的设备、软件、接口的标准。

附录 2　北京海淀北部地区能源微网试点建设项目

2.1　建设背景

基于海淀区建设示范性"智慧低碳新区"的背景，北京海淀北部地区将筹划建设能源互联微网示范基地。根据电力体制改革的精神，海淀北部地区将对电力需求的增量部分引入民营资本，希望通过突破现有能源单一供应体制，引入先进的能源高效生产方式以及具有活力的运营机制，实现区内能源利用的高效化与低碳化，为实现"智慧低碳新区"的目标提供重要能源支撑。

能源互联微网通过信息能量深度耦合以及多能源系统的广泛集成，能够实现电能和冷、热能的高效生产、灵活控制以及智能利用，能够促进可再生能源的大幅接入，实现开放、灵活互动的电能交易形式，深入挖掘用户需求响应潜力，最终整体提高终端能源的使用效率，降低能源生产成本，减少全社会碳排放量。从能源互联微网运营商的角度而言，通过灵活控制区内能量生产环节、降低传输环节能耗、增强能源供应可靠性，利用价格信号充分协调不同时间、空间以及能源形式的使用，大幅度提高终端能源生产与利用效率，从而创造额外的商业价值；从海淀北部地区产业聚集区的用户而言，能够通过合理安排能源利用，降低能源使用费用，进而降低生产成本；从能源互联微网投资商的角度，通过投资能源互联微网中新能源发电、冷热电联供、先进信息以及控制技术，降低综合能源系统的运营成本，实现充分的投资回报。

2.2　示范价值

建设海淀北部地区能源互联网，其核心是打造一个基础设施智能化、生产消费互动化、信息流动充分化的能源信息深度耦合的网络。

海淀北部地区能源微网的经济价值包括以下几个方面：

（1）充分挖掘现有电力输配网络的资产利用潜力，通过"植入"智能的传感、通信技术，提高海淀北部地区现有以及新增基础电网设施的利用率，节约配电网的基础设施投资。

（2）通过分布式发电、能量路由器、多能流能源与控制等新技术的引进，可以提高整个海淀北部地区供能系统的整体利用效率，节约能耗，降低海淀北部地区商业用户的用电、用热、用冷成本。

（3）通过灵活互动的机制创新、智能化的通信控制技术，激活海淀北部地区工业与居民用户侧的需求相应能力，通过能源互联网把能源的供应与消费"链接"起来，促进形成更加友好、高效的能源消费行为，使用户能够通过改进用电行为获得经济效益。

（4）通过构建海淀北部地区开放、独立、多边接入的互联网式的能源交易运营平台，在能源的供应、消费体系中建设一个能源交易、共享的平台，撬动社会各界对分布式能源的高效利用，激活第三方资本与民间力量参与，彻底改变现有能源产业的产业结构与行业组织方式，催生出大量新兴的产业机会和经济增长点，促进海淀北部地区的产业集群与升级。

海淀北部地区能源微网的社会价值包括以下几个方面：

（1）通过建设分布式冷热电联产、垃圾发电、光伏发电等清洁能源生产设备。能够提高整个海淀北部地区供能系统的整体利用效率、降低污染排放，有助于北京及周边地区的雾霾治理。

（2）建设配电以及供热、供冷管网。通过优化能源生产环节，科学规划配电以及供热、供冷管网，提高能量传输的效率以及传输环节基础设施的利用效率，降低能源设施对土地以及其他社会资源的消耗。

（3）多能流能源控制、智能调度等新技术的引进，可以提高整个供能系统的整体利用效率、节约能耗、降低用能成本，实现能源的低碳化供应。

2.3　建设内容

北京海淀北部地区能源微网从建设愿景的能源互联网的角度进行重新规划与

设计,包括能源互联微网的物理设施、调度控制与商业运营的协调。具体而言,其建设内容包括以下几个方面:

（1）建设分布式冷热电联产、垃圾发电、光伏发电等清洁能源生产设备。根据海淀北部地区的资源禀赋以及能源需求,通过引入分布式冷热电联产、垃圾发电、光伏发电等清洁能源生产技术,提高整个供能系统的整体利用效率,节约能耗,降低用能成本,实现能源的低碳化供应。

（2）建设配电以及供热、供冷管网。通过优化能源生产环节、科学规划配电以及供热、供冷管网,提高能量传输的效率以及传输环节基础设施的利用效率,进而节约基础设施投资。

（3）多能流能源控制、智能调度、系统状态感知等新技术的引进,可以提高整个供能系统的整体利用效率,节约能耗,降低用能成本。

（4）搭建基于互联网的信息化网络平台。充分挖掘现有电力输配网络的资产利用潜力,通过"植入"智能的传感、通信技术,提高对基础电网设施的利用率,节约基础设施投资。

（5）通过灵活互动的机制创新、智能化的通信控制技术、用户行为的大数据分析技术,激活用户侧的需求响应能力,通过能源互联网把能源的供应与消费"链接"起来,促进形成更加友好、高效的能源消费行为,提高经济效益。

（6）在区内成立售电商,满足区内所有用户的冷热电需求,并对区内的能源资源进行自营（包括交易、运行、维护、确定发电计划等）;在区内可建设区域的能源中心,实现冷热电的高效联供与智能控制;引入合同能量管理与需求响应服务,实施分时电价,提供基于大数据的能源服务、信息增值服务等,为用户提供更好的服务,并降低用户整体的能源消费成本。

利用新一轮电改方案放开配网增量资产、引入第三方资产的政策,对于项目中新的电力负荷所需增量的配网与电网设备,由投资业主进行建设。

2.4　示范内容

"有序向社会资本放开配售电业务"是《关于进一步深化电力体制改革的若干意见》确定的本轮电力体制改革中重要的一环,可使电力市场主体进一步多元化，从而激发电力市场的活力。创建区域能源微网，完全符合国家能源改革方向和能源"互联网＋"要求，通过能源智能互联网这种能源技术革命，推动能源生产、消费、体制变革和能源结构的调整，有力地推动我国能源革命，提高能源利用效率。

1）投资主体

（1）慎重选择投资主体，成立工业园能源物业服务公司。服务公司可由管委会、资金投资方（能源互联网规划建设投资方）、技术支撑方（包括方案设计、设备建设及运行维护等工作）共同构成。

（2）落实主要职能及作用。结合国家相关政策，"兼顾政府、用电企业、电网公司多方利益"，为园区企业实现"降低用电价格、减少用电数量、保障电能质量、提升用电感受"。协助政府贯彻、落实有关政策、规定和规划，成为园区能源互联网规划、建设、运维、营售一体化的实施主体，为园区企业提供用能保障、为园区创造投资"洼地"，促进招商引资，提高公共服务质量及园区整体管理水平。

2）运营模式

当前，能源服务公司开展电力直接交易服务的主要工作如下：

（1）为园区企业争取更多的直接交易电量。能源服务公司积极配合政府，从电网公司获得更多的直接交易电量。能源服务公司为园区企业开展多种综合节能、节电服务，使园区企业满足政府的相关产业及能源政策，为园区企业争取更多的电力直接交易额度。

（2）开展节电降费服务。能源服务公司将整合园区内外的用电客户，形成大的客户群，开展"团购"业务，增强与电源点的谈判能力，获得优惠电价，降低直接交易电量的价格。能源服务公司通过先进的电力管理手段，降低输配环节损耗，降低用电成本。能源服务公司通过专业化管理，降低管理成本及费用。能源服务公司通过开展需求侧管理等工作，降低企业单位 GDP 电耗，实现节电；通过开发企业的需求响应容量资源，为企业节省电费。

（3）制定园区内直接交易电量分配标准。能源服务公司按照接入电压等级、能耗水平、排放水平等指标制定参与直接交易的用户准入标准和分配机制。

（4）开展直接交易电量的营销服务。能源服务公司编制直接交易电量的采购及分配计划，依据市场化原则进行电能组织、价格谈判、合同签订以及电力管理等工作。

最终实现能源互联网运营模式：通过工业园能源物业服务公司，采用发配售一体的运营模式，以满足区内所有用户的冷热电需求。能源供应商可以对区内的发电厂、供电、供热、供冷与用户侧资源进行综合调度控制。作为能源服务公司，需要将区域内的大型发电厂及分布式能源纳入到能源服务公司的运营范围以内，建成区域能源中心。将区域内自营发电厂运营权收归能源服务公司所有，再配套建设相变储能，形成冷热电三联供的区域能源中心。作为能源服务公司，本区域内的所有用户均通过能源服务公司获得冷热电能源，并按照相应的价格水平支付有关费用。可以通过收购、租赁等手段，运营现有的发电、供热、制冷设备；也可以新建一些能源供应单元。

在此运营模式下的能源服务公司主要可表现为三个方面的功能：①综合协调运营各类能源资源，对其所调控的能源资源进行自营，协调其所掌握的火电、光伏、风电、生物质发电、储能等资源，以满足区内所有用户的冷热电需求。②向用户侧销售能源资源、实施负荷互动供应，可引入合同能量管理与需求响应服务，提供基于大数据和全过程的用电行为方式分析等，为用户提供辅助决策和信息增值服务等项目，帮助用户降低其能源消费成本。③电力代购服务。当能源供应商的自营资源可以满足区内自身需求时，可以将多余电力以上网电价出售给电力公司；当能源供应商的自营资源不能满足本区域内的用电需求时，需要代理用户向电网公司购电。具体购电方式有以下两种：基于大工业用户的身份购电；利用大用户直购电或者输配电价核定等政策，直接与电厂签订大用户直购电合约，并支付电力公司相应的过网费。

3）建立信息系统与交易平台

能源互联网的正常运行离不开信息系统的支持，其主要功能实现需要相关主体间及时有效的信息通信，如负荷预测、故障定位、态势感知、用户行为分析及营销策略制定等。建立能源互联网信息系统首先需要建立相关体系结构。能源互联网电网信息系统的体系结构主要包括能源互联网信息系统基础设施、能源互联网信息系统支撑平台与能源互联网信息系统应用系统三个部分。

随着能源互联网的发展，传统的集中式交易模式正在被逐步打破。基于放开发电端和售电端、管控输配电环节的基本原则，能源互联网可以形成多交易主体和多交易模式共存的新格局。交易主体具体包括电能提供者、电力服务者和电力消费者，其中传统的电力消费者正向着同时扮演电力提供者和电力消费者的方向转变，这一转变得益于分布式能源发电技术的引入和普及。随着能源互联网的发展，电能提供者将向着电能服务者的方向转变，其盈利模式将从以提供电能为主逐步转变为提供高质量的电力服务为主。服务在交易平台的建设和发展中将扮演着重要的地位。

区域能量共享是能源互联网的基本特征和优势之一，主要用于用户自身或微网内部有发电设备（电厂或储能装置）的情况。同时，如果情况允许，大工业用户之间可以通过建立柔性直流输电线路实现能量的共享。通过能量共享，可以大幅度降低工业园区对外部主干电网的供能需求。通过此类形式的能源共享，可以提高用电效率、减少能量传输损耗、减少能源中断的概率。另外，用户自身发电设备的发电能力还可以用于需求侧管理之中，辅助实现削峰填谷，提高能源供给和消耗的平稳性。

附录3　苏州工业园区六位一体智慧能源项目

3.1　建设背景

2016年2月,国家发改委、国家能源局发布《关于推进"互联网＋"智慧能源发展的指导意见》,要求打破传统竖井式发展模式,建设多种能源网络之间互联互通、多种能源形态协同转化、集中式与分布式能源协调运行的综合能源网络;因地制宜开展多能源互联网应用试点示范工程;提出2019年之前重点开展试点示范,鼓励各类应用探索,积累可推广的新技术、新模式、新业态,基本完成各种类型能源互联网模式和业态的工程示范。按照统筹规划、因地制宜、多能互补、清洁高效、规模开发、注重实效的原则,坚持以改善环境质量为中心目标,积极开发利用各种可再生能源资源,在局部区域形成可再生能源和其他清洁能源起主导作用的能源开发利用格局。推广将能源生产、传输、存储、消费与互联网密切关联的能源产业发展新模式,推动能源使用朝着设备智能、多能协同、信息对称、供需分散、交易开发的方向发展,激活能源供给端和消费端潜力,形成新型的能源生产消费体系和管控体制。充分利用互联网手段,以市场为导向,以项目为主体,挖掘互联网与能源系统及能源市场深度融合带来的经济、环境和社会效益,开展不同类型、不同规模和不同模式的能源互联网项目。营造开放包容的能源互联网生态环境,带动能源互联网新技术、新模式和新业态发展。总结积累可持续、可推广的试点示范成功经验,促进苏州及全国能源互联网项目的健康发展。

苏州工业园区是中国与国外政府合作的最大工业园区。苏州工业园区建设22年来始终秉承低碳经济发展理念,在生态环境、社会发展、体制创新、规划布局等方面是中国经济发展的先行者和领跑者;工业园区内世界500强企业云集,经济发展始终位于国内工业园区前三名;苏州工业园区亦是国家智慧电网唯一示范区、全国需求侧管理示范区,具有较好的产业基础、经济基础和技术基础。苏州工业园区已建成 $2\times360\,\mathrm{MW}$ 天然气能源中心(协鑫)、1 个 7 万 kW 的集中供冷中心(中新远大)、协鑫能源中心分布式能源站、5 个光伏电站(新大金),具有较好的多能互补能源互联的基础。

协鑫智慧能源将以区域能源互联、数据共享、需求管理、能源互补等为原则,形成苏州工业园区"能源互联网＋"的示范试点,实现多能流协同能量管理,探索出多种能源灵活互补、需求响应、低碳交通及能源交易新模式,提高清洁能源利用率、终端能效比率及可再生能源渗透率,推进能源生产方式与消费模式的变革,促进了能源结构的优化。目前正推进苏州工业园区金鸡湖能源中心 1.2 MW、恒瑞医药 1 MW、中国电信 1 MW、协鑫能源中心地源热泵、微风发电 150 kW 等分布式能源项目,已签订框架协议。园区已建设苏州协鑫能源中心、金鸡湖能源中心两个多能互补能源中心;已与苏州工业园区苏春工业坊、生物医药园、康普通讯技术(中国)有限公司等 3 家企业签订屋顶光伏项目协议;已为大金(中国)投资有限公司、金龙联合汽车工业(苏州)有限公司、苏州群策科技有限公司等公司安装需求侧管理测点;已开展能源互联云平台一期建设,已与欧莱雅、恒瑞医药确定建设综合能源网事宜。智慧交通方面,已初步洽谈落实星湖街充电站,能源互联网云平台等已开展一期建设工作。

苏州工业园区能源互联方案由协鑫智慧能源投资建设,坚持"能源互联、信息共享、金融互通"的战略方针,控总量、转方式、调结构、提效率,重点发展清洁能源、可再生能源,打造独具特色的智慧园区能源互联系统。

3.2　示范价值

结合苏州工业园区的定位和发展要求,能源系统建设项目以"互联网＋"智慧能源为指导,以因地制宜、创新融合、多能互补、智能调控、技术协同、经济合理、点面结合和示范推广为基本原则。

因地制宜——充分利用当地清洁可再生资源条件,能源设施建设与实际负荷需求相结合。创新融合——将适宜利用的技术创新集成,借助互联网技术有效管理,将天然气能源与可再生能源充分融合,将能源基础设施与互联网深度融合。多能互补——充分利用天然气、太阳能、风能、余热等各种资源，在能源供应端实现多能供应互补。智能调控——遵循互联网＋智慧能源示范要求，借助能源云平台、智慧交通平台及需求侧管理平台对能源系统进行智能调度与管控。技术协同——通过六位一体技术平台，综合利用太阳能光伏光热技术、天然气三联供技术、储能技术、信息联网技术等，实现技术协同互补。经济合理——在合理的经济效益前提下，不断提升能源利用效率，实现节能降耗，伴随网络效应的释放，实现经济效益最大化。点面结合——通过能源规划整体考虑园区布局，从能源微网到区域能源互联网，形成点面结合的能源综合网络。

结合各用户用能特点及对用能稳定性、可靠性和低成本等多方面要求，以及能源互联网示范项目相关要求，确定如下工程开发任务：

（1）因地制宜充分利用当地可再生能源资源，高效利用清洁能源资源，实现多能源资源整合协同、多能源技术融合集成，构建集成高效的能源生产、传输、存储系统。

（2）借力互联网思维与手段，整合、干预各种不同品位用能需求，扭转重视生产端而忽视消费端的传统能源建设思维，实现用能、供能一体优化，并优先进行用能端优化。

（3）构建能源互联网调度交易平台，实现多能协同管理，探索多种能源形势灵活交易与需求响应模式。

（4）搭建园区智慧交通平台，提供网约电动汽车服务。

（5）通过互联网手段，提升可再生能源、清洁能源利用比例，节约能源，减少大气污染物和温室气体排放；增进能源设施共享，降低能源设施建设规模，提升能源设施利用，降低用户能源账单。

（6）通过售电公司及区域能源交易平台的建设，推动能源灵活交易。

3.3　建设内容

苏州工业园区能源互联网项目包括清洁能源供能平台、清洁能源调度平台、综合能源管理平台和区域能源交易平台四部分，涵盖园区内清洁能源生产、传输、消费及能源投资交易。协鑫智慧能源已在苏州工业园区建成 $2\times360\ \mathrm{MW}$ 天然气能源中心、1 个 7 万 kW 的集中供冷中心、3 个天然气分布式能源、5 个光伏电站，计划结合已建成的项目,在苏州工业园区建设 3 MW 分布式天然气微网、25 MW 分布式光伏微网、5 MW 地源热泵、22 MW·h 储能项目、热力网的能源基础设施及智慧交通、售电业务、需求侧管理、能源互联网云平台项目,形成四大平台支撑的苏州工业园区能源互联网项目,如附图 2 所示。

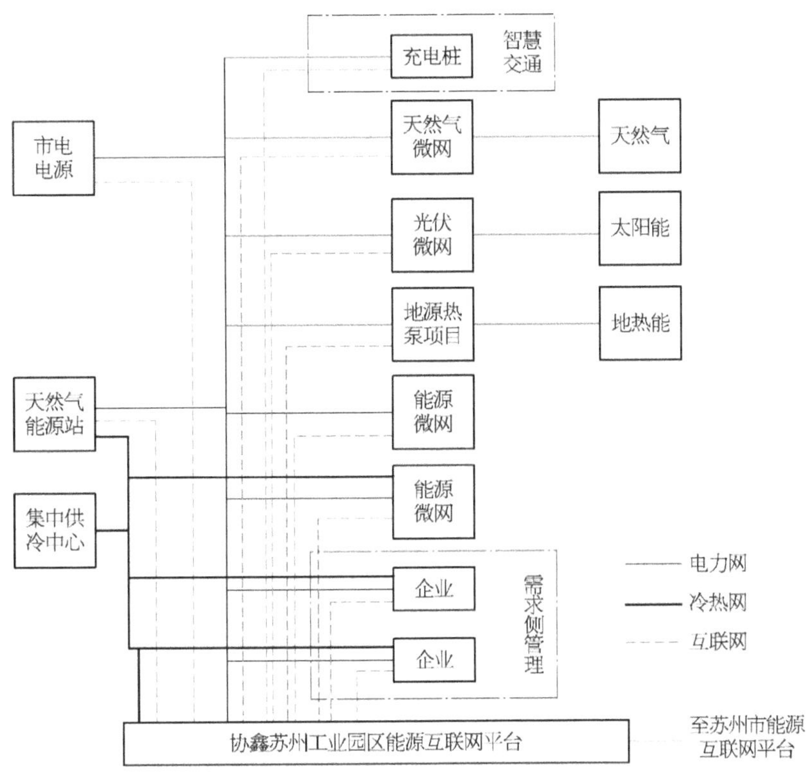

附图 2　苏州工业园区能源互联网项目

　　在能源互联网＋项目方案中,提倡各种能源点以手拉手环网方式接入,形成一个闭环的能源供应系统(附图 3),提高能源供应的可靠性、安全性和容灾性。

　　苏州工业园区能源互联网项目应用互联网手段将清洁能源生产传输系统与园区用户生产用能需求有机结合,形成信息流与能量流的交互优化,如附图 4 所示。

　　各种电源系统、汽源系统优化接入,实现区域能源网与外网多源补充,优化能源接入系统。采用多点网络接入系统,在数据通信的底层,统一采用 Oracle 数据库,以 C/S 方式架构平台,采用 Webservice 和 ODBC 通信接口,将所有的数据统一

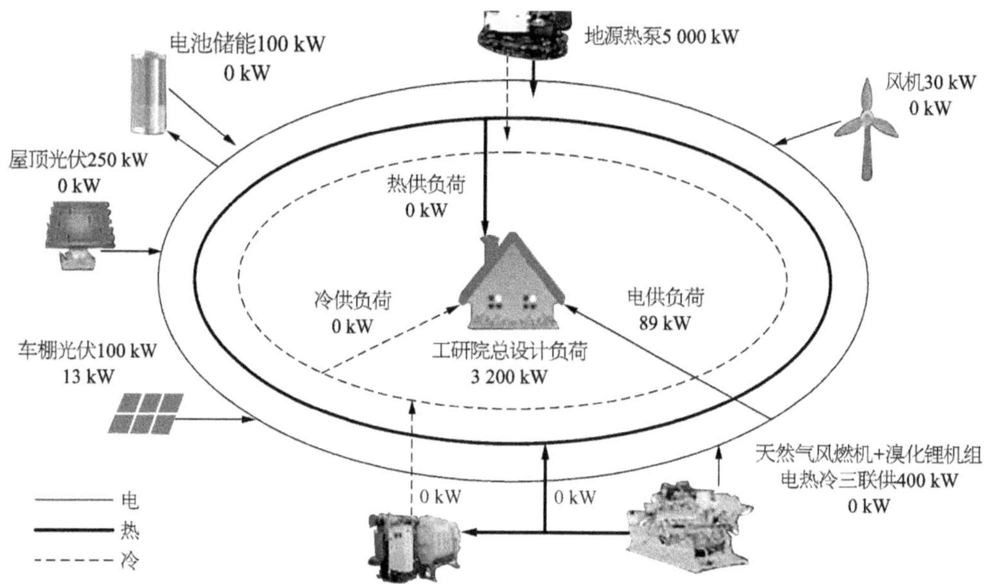

附图3　闭环能源供应系统

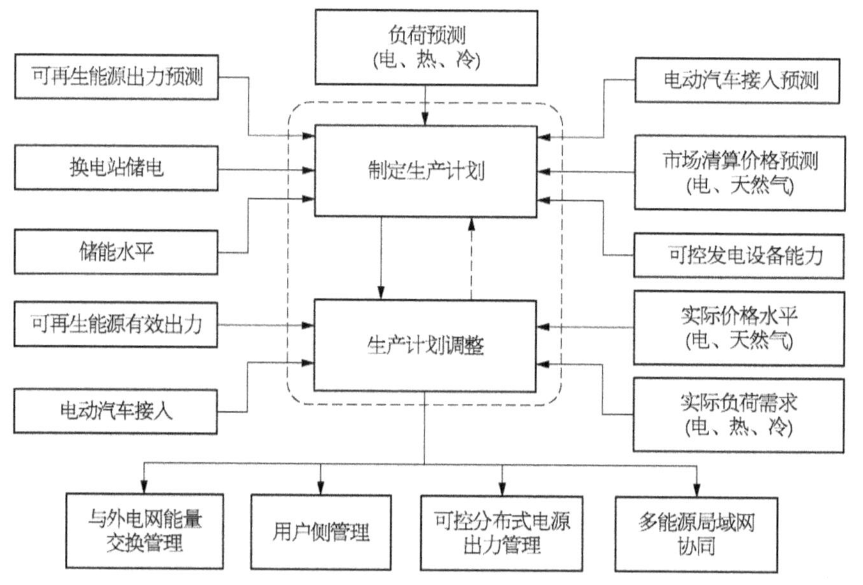

附图4　生产传输系统与生产用能需求的有机结合

格式存入数据表中,数据统一存放在协鑫智慧能源数据中心的虚拟机中,提高了数据的运算速度、减少了系统的卡顿并完善了整个系统的兼容性和开放性。园区内能源、微能网、需求侧服务及电动 e 交通一目了然,截取的界面如附图 5 所示。

附图 5　协鑫智慧能源数据中心截图

目前,已实现天然气分布式能源及其他电源点提供的热电冷多能源接入,且计划实现水(冷热)、气(汽)、电等多表合一,信息通信网络三网合一的多能源路由接入,提高用户体验舒适度,方便用户缴存费用,提高能源管理效率。

3.4　示范内容

苏州工业园是中国和新加坡合作园区,是全国最大的天然气冷热电联供区域、全国最大的集中供能中心、全国第一个"六位一体"多能互补示范项目所在地、全国首个具有知识产权的国产燃气轮机分布式能源项目所在地。

(1)统筹多种用能需求。整合项目范围内适合区域供能的建筑,未来拓展到周边临近区域建筑的用电、用冷、用热需求,形成用能品位、用能时间与空间上的互补性、协同性,改善负荷特性,为降低能源系统整体建设规模,实现能源梯级利用奠定基础。

（2）集成多种能源资源与技术。因地制宜，结合项目所在区域能源资源特征，集成市政电力、小水电、天然气、太阳能、浅层地热能等多种能源资源，构建多能源、多技术互补集成优化的供能系统，充分高效利用本地可再生能源，减少外部能源输入。

（3）构建"多对多"能源网络形态。供能设施与用能建筑脱钩，能源设施与用能建筑不再是"一对一"关系，供能设施网络化、虚拟化，通过增加部分互连互通管网，实现供能设施与用能建筑间"多对多"网络形态，并通过网内寻优确保供能成本最低。

（4）合理部署能源设施建设节奏。"增存并济、复合迭代"，详细分析用能需求增长规律，优先用存量设施满足新增用能需求，逐步发展增量设施，并尽量通过增量设施建设来不断降低供能成本。

（5）充分考虑能源系统可拓展性。为充分释放规模化能源设施互通创造的价值，能源系统建设应充分考虑系统可拓展性，预留接口，考虑与周边规划中建筑能源设施的互联互通。

"六位一体"能源微网耦合十种一、二次能源，可满足用户多种需求，实现能源梯级利用，还可以通过公用能源供应系统提供支持和补充，实现资源利用最大化和能源合理分配、可靠供给。综合利用天然气热电冷联产、太阳能、风能、低位热能、LED、储能六种能源，形成分布式能源微网系统，通过多种能源之间的有机结合和相互转换，最经济、高效、可靠、环保地提供用户的能源供应方式，如电能、采暖、制冷、生活热水、蒸汽等。

附录4　青岛中德生态园泛能网项目

4.1　建设背景

为了实现大规模接入和自由共享分布式能源,电网各个部件之间需要实现广泛的信息通信,电力网络需要进行根本上的改革,借鉴信息互联网的优点,充分融合信息流、能量流和业务流,实现网络的智能化和互联共享特征。

青岛中德生态园(简称"中德生态园")是 2010 年 7 月由时任中德两国总理推动,中国商务部与德国经济和技术部签署《关于共同支持建立中德生态园的谅解备忘录》,确立合作建设的生态园区。该园区以"中德合作实现具有示范意义的高端生态园区、世界高端生态企业国际化聚集区、世界高端生态技术研发区、宜居城市生态示范区"的高标准为发展定位,规划建设成为以高端制造业为核心,以生态商住、商务金融等现代生活服务业为支撑,以生态自然为基底的综合性园区。

中德生态园区终端用能种类多样,涵盖冷、热、电、气、汽等多种能源,同时上游能源供应亦有多种,包括各种清洁可再生能源,适宜搭建整体的能源网络系统,通过整体布局、分步实施,实现园区供需平衡互动和资源、能源的高效循环利用。通过能源网络系统建设,以网络规模效应的释放,促进园区经济发展和产业升级,降低清洁可再生能源利用成本,提升相关产品品牌及竞争力,对当地经济发展起到巨大的拉动作用。同时,新型能源系统的建设使智慧化能源设备进入居民家庭,能够改变当地居民消费习惯,经济节能的消费习惯将成为发展趋势,从而改善当地居民生产生活环境,促进节约型社会的建设。

综合考虑中德生态园作为高端生态园区、宜居生态示范区的发展定位,因地制宜充分利用当地资源条件,顺应国家能源供给侧改革,响应国家建设"互联网＋"智慧能源系统的要求，中德生态园提出了建设"多能互补、高效集成、智慧互联"的能源系统。通过该项目建设，将形成生态园区类"互联网＋"智慧能源系统建设的典范，完善成熟"互联网＋"智慧能源的运行机制，促进能源结构优化、能效提升，降低雾霾污染，切实落地能源供给侧改革，培育售电、核心装备制造、节能环保新产业，提振经济，改善民生。

4.2　示范价值

园区整体能源系统将按照"互联网＋"智慧能源系统的要求，遵照相应的技术标准和规范，进行顶层设计、统筹规划，借助互联网信息技术优势，搭建园区泛能微网运营调度交易平台，管理、调度园区能源系统，促进能源交易的自由、平等、开放。中德生态园能源系统建设项目以"互联网＋"智慧能源为指导，遵循因地制宜、创新融合、多能互补、智能调控、技术协同、经济合理、点面结合等基本原则。

项目以高效天然气分布式能源系统为基础，以泛能网技术为支撑，因地制宜利用余热及可再生能源，并将能源系统与互联网系统进行深度融合，从综合能源基础设施和信息化基础设施两方面进行规划建设。综合能源基础设施的建设，从能源的供给、传输、消费、再生四个环节分别进行建设。园区信息化基础设施建设是融合能源系统智能化协同的要求，在基础能源设施和传统控制系统的基础上，建立的泛能微网运营调度交易平台。

（1）能源供给：在项目中，通过建设网络型泛能站（简称泛能站，是构建能源互联网系统的高效分布式能源站）进行园区能源供给。泛能站将园区周边部分的市政电力、市政气网、大唐风电、风光廊道、清洁热力及余热进行集中和综合利用，形成化石能源与可再生能源循环的生产模式，将能源生产环节提供的各种能源进行调配后，通过主干网将电力、热力、燃气输送至用能终端。

（2）能源传输：按照园区规划布局，在生态园区内通过能源管网建设，对各泛能站进行互联互通，形成泛能微网（区域能源互联网），设置必要的储电、储冷热设施，进一步保障区域内电气热能够互补调峰，在提高供能系统利用率的同时保障供能系统的安全。

（3）能源消费：基于园区整体考虑，各用能终端按照统一规划要求，结合用户自身用能特点，方便接入园区互联互通的能源系统，接受泛能微网运营调度交易中心的统一调度，并享受相关服务，设施由用户投资建设。

（4）能源再生：通过建设循环水泵、余能回收装置等对园区生产的废物、废能进行回收利用，减少外部不可再生能源的消耗。

泛能微网运营调度交易平台是基于信息化网络技术，通过能效控制、系统优化、总体调度、能源交易等控制整个园区能源系统的高效运行。平台建设内容主要包括：

（1）能源设备信息采集和监控系统：通过布置终端信息采集监测设备，采集用能端及供能端系统运行数据，并执行控制指令。

（2）信息传输：借助园区信息网络，将园区能源系统信息数据及时传递给泛能微网运营调度交易中心。

（3）泛能微网运营调度交易中心：通过设置在园区中心的泛能微网运营调度交易平台，对园区能源系统的信息进行处理、分析，智能调配园区能源系统生产，并利用能源大数据为内部运营、设备监控提供支持。同时，利用客户服务模块为用户提供网络缴费、信息查询、能源价格及时变化等，为用户提供节能诊断与咨询等增值服务。

4.3　建设内容

中德生态园能源系统遵循"品位对接、梯级利用、削峰填谷、互补调峰"的设计思路，充分利用清洁能源和可再生能源，建立化石能源与可再生能源的循环利用、集中式与分布式相结合、多能源和混配供应的泛能微网系统，如附图6、附图7所示。在这种新的供能模式中，利用系统能效四环节理论，从能源利用的全生命周期（即能源供给、存储、传输、消费、回收）入手，融合各种新能源技术，在满足园区冷、热、气、生活热水以及部分电力需求的同时，对各种能源和资源进行循环与梯级利用，提高能源综合利用效率，降低污染物的排放，提升能源系统的运行保障水平和生态园区能源供应系统的智能化水平，为园区内的产业发展以及未来人们生活提供安全、稳定和高品质的系统能源。

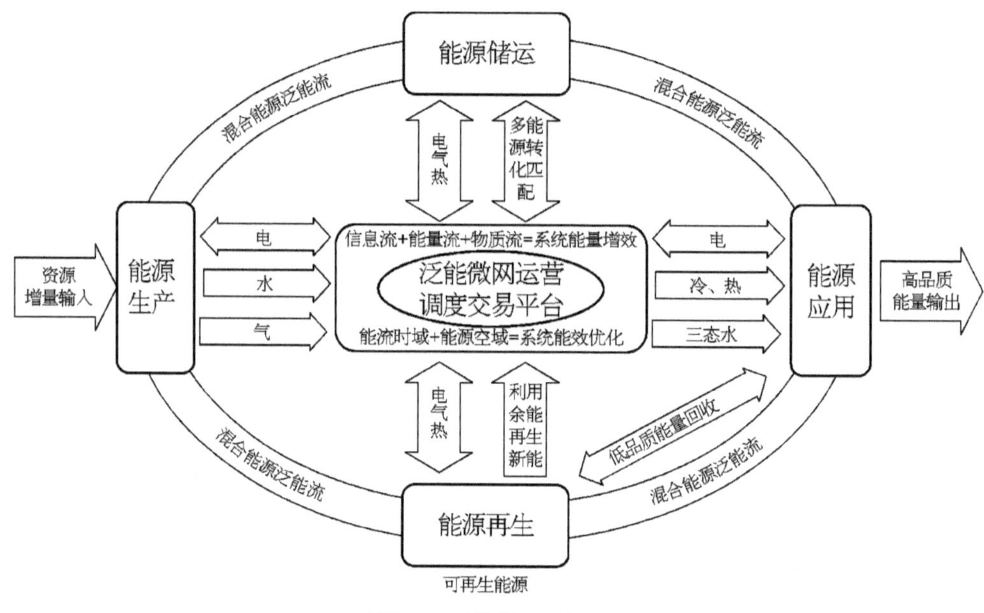

附图 6　泛能微网系统(一)

（1）能源生产环节(源)：在能源生产端,将园区周边部分的市政电力、市政气网、大唐风电、清洁热力及余热进行集成和综合利用,形成化石能源与可再生能源循环生产模式。利用区域泛能站将生产环节提供的各种能源进行调配后,通过泛能区域网主干网将电力、燃气、热力输送到各片区泛能站。各片区泛能站根据终端用户的用能特点,按需求供能。

（2）能源储运环节(网-储)：在生态园内建设 L－CNG 站,在泛能站内建设储冷热装置、储电装置。对园区用能实行削峰填谷的同时保障园区供能系统的安全可靠性,一方面减少储能系统的规模,另外降低系统运营费用。此外,利用泛能区域网的主干网在泛能站之间进行互联互通,保障区域内电、气、热能够互补调峰,提高供能系统利用率的同时保障供能系统的安全性,降低备用设备的投资。

（3）泛能站：对园区外部接入的各种集中式供能、分布式供能、储能、余热回收等系统进行高效集成,形成以区域泛能站为核心的能源调配系统,通过泛能区域网主干网与泛能站连接,满足区块能源供应。

（4）能源应用环节(荷)：对生态园内工业、建筑、交通等用能系统分别进行节能优化,降低终端用能需求的总量。其中,园区内建筑在满足中国绿色建筑标准和德国 DGNB 可持续发展建筑标准的前提下,同时保证舒适度和经济性,实施主动和被动节能优化,提高建筑节能率;园区内工业系统单位产品能耗应达到国内先进水平,工业过程产生的余能或废物要利用泛能网进行回收,或作为下游产业的原料进行循环利用;园区内公共交通应采用清洁能源汽车,清洁交通应与青岛现有清洁交通系统对接。工业、建筑、交通等终端用户所需的电、气、热等各种能源全部由泛能站通过泛能微网供应,终端用户产生的各种余能全部接入泛能微网回收利用。泛能微网与泛能区域网主干网相连接,通过负荷分级和优化控制,保证泛能微网的可靠性。

（5）能源再生环节：利用余能回收技术对园区内产生的废物、废能进行回收利用,减少外部不可再生能源消耗。其中泛能站以及工业的部分余能资源通过循环水热泵等技术进行回收利用;对园区内工业和居民产生的垃圾和污水进行分类回收处理,将回收的污泥、有机废弃物等在园区外利用生物燃气技术制成生物天然气供给园区使用,另外产生的沼渣可用做农用有机肥。

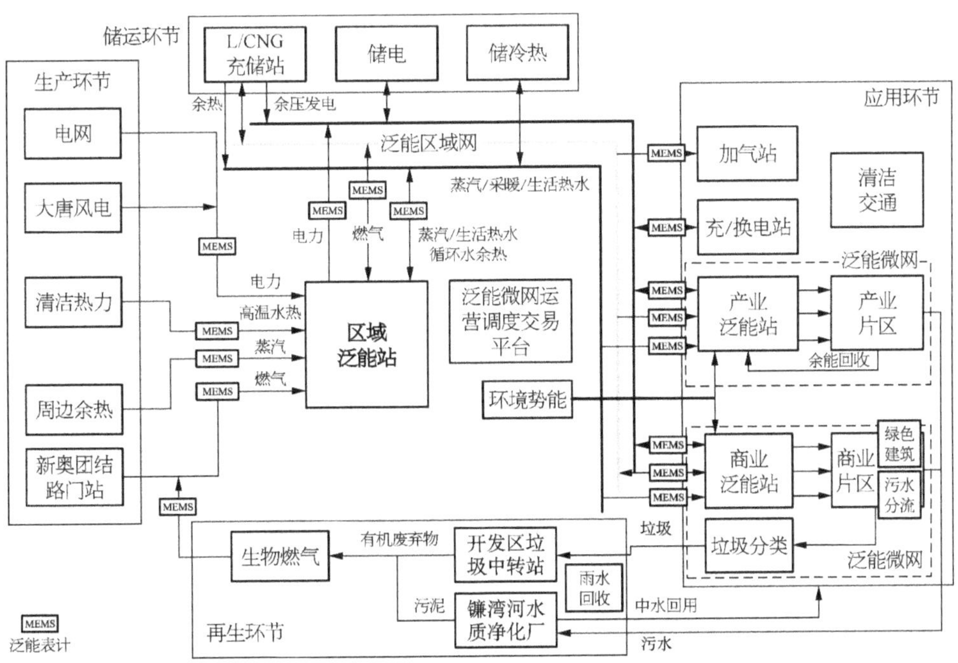

附图 7　泛能微网系统（二）

4.4 示范内容

中德生态园能源系统建设以领先的能源利用技术和智慧调度运营技术为支撑，构建园区级能源系统示范，主要包括：

（1）天然气高效利用技术及可再生能源利用技术（含储能技术）：应用天然气高效分布式能源技术实现天然气的梯级利用，采用太阳能光伏及光热技术、风能及微风能发电技术、浅层地热利用技术、生物质利用技术、余热利用技术、充电桩及储电技术，通过能源网络互联互通，充分发挥各种能源技术的优势，因地制宜、合理利用，实现区域多能供应。

（2）系统能效技术：转变传统能源生产和利用方式，从能源利用的全生命周期出发，将能源的生产、储运、应用和再生四个环节协同起来，最大限度地利用环境势能，实现能源全生命周期的能效增益；同时通过智能化的控制和优化，实现多品类能源协同、互补、循环的智能应用，形成各品类能源间的智慧协同，实现清洁能源及可再生能源的全价开发和梯级利用。

（3）泛能网技术：基于系统能效技术，将能源网、物联网和互联网进行耦合，形成能量输入和输出跨时域、空域的实时协同和需供重构，各能源实现梯级利用，进行需供动态匹配，以达到系统能效最大化，借助泛能微网运营调度交易平台，输出一种自组织和高度有序的高效智能能源。

（4）泛能微网运营调度交易平台（即能源互联网平台）：基于园区泛能微网建设，从用户需求侧出发，提供从用能端到供能端的智慧管理，实现用供能一体化优化控制，通过平台各种供能模块，为客户提供开放、透明、节能、高效的能效管理与服务平台，提供售电、用户能效管理、节能诊断等增值服务。

项目构建多主体、多业态、多技术、多品类、多模式的互联网能源新生态，价值共创共享，通过能源设施、负荷特征数字化及泛能网运营调度交易平台的应用，促进多对多能源交易，并衍生大数据等增值服务，发展智慧能源，支撑智慧园区、智慧城市。

园区能源设施资产所有权和运营权分离，委托专业能源互联网平台公司进行统一运营管理，提高园区能源整体运行效率。平台公司依托泛能网运营调度交易平台，围绕多用户的个性化能源需求，对园区各能源设施进行系统控制、统一调度及提供交易服务，实现需供动态匹配，能源便捷交易、充分释放强竞争力设施产能，最大化替代低效设施，为资产所有者开源，帮用能客户节流，响应能源供给侧改革要求，实现多方共赢。

附录5　中国电信数据中心能源微网试点项目

5.1　建设背景

随着互联网数据量的爆炸式增长,作为互联网数据源头的互联网数据中心(IDC)的数量与规模也在全球范围内急速膨胀,带来了严重的能耗问题。一个大型数据中心的能耗超过美国一个中型城市的耗电量。全球数据中心能耗由 2011 年的 2 100 亿 kW·h 增加到 2012 年的 3 320 亿 kW·h,增幅高达 63%。中国的数据中心 2012 年总耗电量约为 900 亿 kW·h,已经占到中国总用电量的 1.8%,相当于三峡大坝的全年发电量。据预测,2014～2020 年中国数据中心市场的投资规模将以年均 18% 的速度持续快速增长,2020 年投资总额将达到 3 000 亿元;服务器的销售量将以年均 12% 左右的速度增长,在 2012 年百万台的基础上,服务器年增总数将达 300 万台,年销售额达到千亿元。数据中心规模的继续扩大,也必然带来数据中心能耗的持续上涨。

数据中心由计算通信系统和支撑系统组成。计算通信系统提供真正有效技术的服务,包括服务器、存储设备和网络设备等。支撑系统是为计算系统工作提供支撑的制冷系统和供电系统。其中,供电系统包括备份发电机、配电单元、UPS 和蓄电池等;制冷系统包括服务器风扇、机房空调和制冷塔等。根据统计,目前中国数据中心 PUE(能耗效率=数据中心总能耗/计算通信系统能耗)平均值大于 2.5,而欧美地区数据中心 PUE 平均值普遍在 1.8 以下。通过更进一步剖析,发现计算通信设备(如服务器)通常有 92% 左右的时间处于空闲状态,因此服务器的能量有效利用率也十分低。在传统数据中心中,从 UPS 到服务器电源要经过三次交直流转换,其损耗占总能耗的 50% 左右,这部分损耗还将以热量形式散发造成二次能耗损失。此外,数据中心环境支撑系统温、湿等调节设备由于规划不合理和缺少系统级管理,造成了电能 40% 以上的额外损耗。例如,机房中部分机柜温度较高,而空调为了降低局部的温度,造成了机房其他区域过度冷却。因此,目前中国数据中心真正有效服务所占用能量比重低,即能量利用率低,造成了大量的经济损失。

江苏省作为中国电子信息产业的龙头省,数据中心产业发展处于全国领先行列。在江苏省电子信息产业"十二五"发展规划中,已经明确了现代通信和网络高端发展的主要发展任务,加大包括数据中心在内的电信基础设施的建设投入,同时将物联网、太阳能光伏等作为重点产业培养方向。因此,数据中心、物联网、新能源等不同领域的技术融合与产业发展将在江苏省迎来有利环境,无论是政策、信息化基础支撑,还是经济、社会需求等方面,都形成了积极因素。

无锡国际数据中心位于江苏省无锡市太湖新城净慧东道 88 号,是中国电信在江苏省等级最高的数据中心。整个数据中心按照 Tier4 最高级别行业标准建造,独立数据中心建筑,总建筑面积 70 000 m²,托管区域面积 300 m²,地板最大承重 1 200 kg。拥有中国电信出口带宽 120 Gbps、新联通出口带宽 20 Gbps。数据中心一期可提供 657 个标准机架与 16 000 kV·A 电力供应,主要面向互联网行业、网络游戏、视频等大带宽需求用户提供极高的基础设施和资源性价比,同时对于企业的业务灾备、门户网站也是不错的高性价比选择。

5.2　示范价值

针对数据中心日益严峻的能耗问题,基于能源互联网和物联网技术、示范应用与产业推广上的积累,结合光伏发电、分布式储能与能量管控技术以及数据中心能效优化技术,在中国电信无锡国际数据中心开展低碳数据中心的应用示范,极具推广价值,市场前景广阔。

(1) 对电信 IDC 的直接作用。首次通过能源互联网技术显著降低数据中心运营电力费用,为全国推广奠定坚实基础;盘活近 90% 的后备储能设备,并构建储能设备循环利用新商业模式;增加 IDC 的供电可靠性;首次使 IDC 利用自身大容量储能系统与电网互动,具备调度、电网支撑能力和配电侧交易能力,首次建立能源互联网 IDC 数据安全与加密平台试点。

(2) 对于中国电信及相关行业在能源互联网产业发展的重要意义。试点形成的能源微网平台和商业模式，可以扩展到高能耗工业企业，是售电侧领域的蓝海，有利于优化企业能源利用效率和成本，促进竞争力，推动国民经济的单位 GDP 能耗优化；仅 IDC 的供能系统和售电侧交易，即可打造千亿级能源产业发展，并对售电交易企业提出更高标准的技术要求和运营要求，助力产业升级和能源改革；为发电企业直接与 IDC 交易奠定装备、系统和数据平台基础，能源互联网级 IDC 融合了数据安全及云平台安全，为更多行业如工业、农业、医疗、物流、中小企业在能源互联网产业的应用数据平台，奠定了坚实的安全基础；为电信等运营商透过能源互联网，提供更多的包括电力交易、用电行为分析和大数据挖掘在内的增值服务奠定安全基础。

5.3　建设内容

项目由风光互补发电系统（高效率光伏发电系统、低速垂直轴风电系统）、物联网智能蓄电池巡检系统、精密机柜微环境监控系统、空调节能远程监控管理系统和微电网能量管控模块等组成。

（1）风光互补发电系统：利用无锡电信数据机房的屋顶建设光伏电站，利用信号塔楼板闲置位置放置微风发电机组和在办公楼前道路两侧安装风光互补电灯。

（2）智能蓄电池巡检系统：建设电池组储能系统一套，电池组柜采用国际统一的标准机箱结构尺寸，电池采用循环储能型铅碳电池，单体电池成组集成安装于电池组柜内。采用每一子单元都为单片机控制的智能型功能单元，各功能单元之间通过串口进行通信。真实有效地反映蓄电池的健康状况，预防蓄电池故障的发生；提高蓄电池的使用年限，将电池的使用年限提高到 6 年以上；免人工维护，降低电池维护风险；减少资金投入，节约成本；防止突发性的电池故障。

（3）精密机柜微环境监控系统：监控主机采用嵌入式架构，可以接入各种经过计量认证的传感器，支持带内网管的监控方式，通过基站自身的传输将监控信号直接上送至网管，或者采用独立的动环安防监控方式，将监控信号上传至单独安防管理平台。为用户提供高速、稳定可靠、数据终端永远在线、多种协议转换的虚拟专用网络。针对网络流量控制的用户，产品支持语音、短信、数据触发上线以及超时自动断线的功能。同时也支持双数据中心备份及多数据中心同步接收数据等功能。

（4）空调远程监控管理系统：空调远程监控管理系统是以实现空调系统的集中管理、自动化节能控制为目的，针对计算机房、移动基站等空调机组多、管理分散、人机交互差而开发的监控管理系统。通过系统可以提高效率，实现节能降耗，保障机房（基站）运行环境稳定。系统通过多种先进技术的有机结合，实现了机房空调的远程监控，解决了机房空调分布不合理、制冷温度设置随意、运行状况无法实时控制等现状，在提高工作效率和经济效益的同时为用户的决策提供依据，真正实现了机房空调集约化、精确化管理。

（5）微电网能量管控系统：建设一套能量管控系统，配套在电池组柜上。可满足逆潮流检测储能系统需要，能够实现用户储能后并网发电过程中的无逆潮流送电。

5.4　示范内容

作为能源互联网应用于 IDC 机房的示范项目，能源微网试点项目将为其他机房的节能改造、分布式能源接入、UPS 电池使用模式优化等提供良好的借鉴。保证 IDC 机房内设备的持续、稳定供电，实现节能降耗 20％，实现太阳能、风能、燃气等多种能源互补。通过储能系统的智能调配，实现对电网的友好接入和负荷平滑。采用能源互联网技术构建智能微电网，根据天气数据和负荷预测进行蓄电池与电网和负荷间的能量交换。采用能源互联网技术进行状态监测，利用云数据平台分析能耗与故障间关系，生成维护工单，降低人工维护成本和工作量，提高运维质量。通过融合能源微网技术并开发新型应用控制系统，预留增值业务接口。DC 机房在作为电网负载的同时，也能够具备电源的特性，能够实现电力增值业务。

无锡数据中心机房的 UPS 电池采用备用模式运行，可更改为储能循环性模式，提高设备利用率和经济性，延长电池寿命。采用峰谷电价后，通过削峰填谷，实现企业效益最大化。IDC 机房在低谷进行储能后，在用电高峰时使用，可以缓解用电高峰时对电网造成的压力，并大幅度降低电费；同时也能够在用电低谷时增加电网负载，实现发电企业和电网的经济运行。

通过风光储耦合和循环性储能，实现分布式电源的友好接入、多种类电源的耦合互补、电网负荷的峰谷差优化，提高自身电源供应稳定性。通过智能微电网（与燃气轮机冷热电联供）的耦合调配，将进一步降低用电量，优化微电网结构，提高制冷质量。通过智能电池巡检系统、精密机柜微环境与空调监控管理系统的物联网应用，实现电池寿命延长、空调末端风机节能的显著成效。借助 IDC 机房现有通道，以智能微电网平台为基础，可以实现远程抄表、机架用电分析、后备电源管理、停电通知、峰谷用电交易及节能实时计算等多种业务。

www.ingramcontent.com/pod-product-compliance
Lightning Source LLC
Chambersburg PA
CBHW041831110726
48006CB00020B/2581